U0246205

自给自足的居家种菜指南

想吃菜，在家种！

コップひとつからはじめる 自給自足の野菜づくり百科

[日]畑明宏 著绘
はたあきひろ

于蓉蓉 译

中信出版集团｜北京

图书在版编目（CIP）数据

想吃菜，在家种！：自给自足的居家种菜指南 /
（日）畑明宏著绘；于蓉蓉译 . —北京：中信出版社，
2023.1
　　ISBN 978-7-5217-4970-0

　　I.①想…　Ⅱ.①畑…②于…　Ⅲ.①蔬菜园艺
Ⅳ.① S63

中国版本图书馆 CIP 数据核字（2022）第 214571 号

CUP HITOTSU KARA HAJIMERU JIKYUJISOKU NO YASAIDUKURI HYAKKA
Copyright © AKIHIRO HATA 2019
Chinese translation rights in simplified characters arranged with
NAIGAI PUBLISHING CO.,LTD.
through Japan UNI Agency, Inc., Tokyo
Simplified Chinese translation copyright © 2022 by CITIC Press Corporation
ALL RIGHTS RESERVED
本书仅限中国大陆地区发行销售

想吃菜，在家种！——自给自足的居家种菜指南
著绘：　　　[日]畑明宏
译者：　　　于蓉蓉
出版发行：中信出版集团股份有限公司
　　　　　（北京市朝阳区惠新东街甲 4 号富盛大厦 2 座　邮编　100029）
承印者：　　北京启航东方印刷有限公司

开本：880mm×1230mm　1/32　印张：5.625　　字数：119 千字
版次：2023 年 1 月第 1 版　　　　印次：2023 年 1 月第 1 次印刷
京权图字：01-2022-6724　　　　　书号：ISBN 978-7-5217-4970-0
　　　　　　　　　　　　　　　　定价：59.00 元

5～6厘米

目 录

……

前言

第一章 从一个杯子开始自给自足

第一课 初学者也可以……14

第二课 超简单的大葱室内水培……16

第三课 在花盆里种植大葱……18

第四课 如果要有机栽培，可以只施用粉状

发酵油渣和树皮堆肥……22

第五课 用一个花盆一年连续种植……24

第六课 用三个花盆打造一年不间断的家庭菜园……28

第七课 可以不断更新！花盆土扔掉太可惜……36

第二章 从小庭院开始自给自足的生活

第八课 即使不耕作庭院，用半天时间也能打造

美丽的菜园⋯⋯44

第九课 漂亮！砌砖打造的菜园⋯⋯50

第十课 收获有时节，定植也有时节⋯⋯54

第十一课 比起播种，更推荐从苗木开始培育⋯⋯56

第十二课 发芽的关键是种子和土紧密结合⋯⋯60

第三章　从借田开始自给自足的生活

第十三课　借田时确认好田里生长的杂草……66

第十四课　垄的宽度、高度及方向都要和周围

农户的一致……68

第十五课　定植区域分块……70

第十六课　想要完全实现自给自足，需要 330 平方米

的田地……74

第十七课　为了自给自足，每周需要劳作八小时……82

第十八课　最重要的是让蔬菜自己打造培育"生命"

的环境……84

第十九课　发生病虫害时，要赶紧种植下一种作物……86

第四章　城市中自给自足的魅力

第二十课　城市中自给自足好处多……90

第二十一课　城市中单户庭院的菜园设计……92

第二十二课　如何在城市公寓打造菜园……98

第二十三课　给准备建房屋的人的建议……100

第二十四课　在都市中用好垂直面的乐趣……102

第二十五课　如何将家庭菜园打造成美丽菜园……106

第二十六课　缓和都市孤独的绿色花园……108

第二十七课　自给自足的蔬菜保存方法……112

·. 世界上最简单的方法

作者推荐的 30 种蔬菜的培育方法

叶菜类

圆白菜 118 / 西蓝花 120 / 白菜 122 / 青梗菜 124 / 小松菜 126 / 春菊 128 / 芹菜 130 / 叶生菜 132 / 韭菜 134 / 葱（九条葱等）136 / 落葵 138 / 空心菜 140 / 长蒴黄麻 142 / 罗勒 144 / 薄荷 146 / 薤头 148 / 大蒜 150 / 洋葱 152

果菜类

小番茄 154 / 小黄瓜 156 / 茄子 158 / 柿子椒 160 / 秋葵 162 / 西葫芦 164 / 豌豆 166

根菜类

土豆 168 / 甘薯 170 / 白萝卜 172 / 水萝卜 174 / 胡萝卜 176

我自给自足的理由……176

前　言

　　您是否有过这样的想法，想要过自给自足的生活，但又觉得不太可能。

　　但请您试着想一想。这个地球上包括我们周围的小动物如麻雀、蜻蜓、蚯蚓等以及植物在内的所有生物，都在自给自足地活着——自给自足没有您想象的那么难。

　　写这本书的我，不是出身于农户，而是住在公寓的十层，从用一个花盆种植大葱开始，并用插图简单介绍自给自足的种植技巧。您即使没有农业或园艺方面的基础知识，也能开始自给自足的生活。想象一下"味噌汤和拉面里的小葱可以自给自足"，是不是就很兴奋？

　　生物为了获取食物需要花费很多时间。充足的食物是维系生存的首要条件。我们想要自给自足，也是生存的本能表现而

已。不过，多数人虽然有这样的想法，却会优先考虑工作或休闲，将供应食物的工作交给别人。我家自给率是从 1% 开始的，后来比例逐渐增加。100% 的自给自足也要从 1% 开始。一开始，我只是以确保食物供应为目标，也没想过能达成这一目标。不过达成这一目标后，守护家人生命的安全感在我心中油然而生。虽然有一点儿夸张，但是食物能自给了，在一定程度上精神仿佛也自立了。

我经常对我的三个孩子说："人生不过就是去做还是不去做而已。"谁都可以只想不做。但是只有付诸行动，才会有成功、失败或意想不到的结果。有一点儿行动力就足够了，拿起这本书就是重要的一步。来吧！一起来种植蔬菜吧！

第一章

从一个杯子开始
自给自足

第
一
课

初学者也可以

首先，需要向大家说明的是，"自给自足"并不是"农业"。

大家都知道，农业是第一产业，从事农业生产的人生产蔬菜和大米，然后卖给消费者。但是自给自足是什么呢？生产者＝消费者。因为自己生产的蔬菜不是商品，所以不管是品质还是规格，好坏都是自己说了算。在超市里绝对看不到的小朵西蓝花，也会因为"今年的西蓝花太可爱了"，而成为自己餐桌上的明星。

蔬菜同我们一样，也拥有生命。我们会考虑种植蔬菜的人是否为专家，如何让种子发芽、让菜叶茂盛、让植物结果等。首先，请相信它们的生命力。就算是初学者，只要浇水不让蔬菜枯萎，也能收获一些果实。顺便一提，我的蔬菜种植老师是我那明治四十二年（1909 年）出生的祖母。

　　祖母住在京都市内，租了个菜园。她没有在农业、园艺类的学校或职业学校学习过，也没有读过与种植蔬菜相关的书籍，却能种出优质的大萝卜和大白菜。我从小学三年级就开始边看边学着种植蔬菜，从那时就因为采摘番茄、茄子、黄瓜而受到家人表扬。受到表扬也许是我长久坚持下去的原因。

我家自给自足的菜园里的圆白菜和大白菜。

第二课

超简单的大葱室内水培

首先要介绍的是在公寓或办公室就能实现的超简单的大葱水培。因为是水培，所以不需要购买花盆和土。蔬菜种植初学者可以通过水培大葱感受一下植物的生命力。为了在今后能够享受种植蔬菜的快乐，请一定尝试一下。小小的成功体验是自给自足的动力。

水培大葱

准备物品

❶ 在超市购买的大葱
❷ 一个小玻璃杯
❸ 液肥

顺序

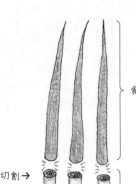

食用部分

水培部分

① 买来的大葱在距离根部7~8厘米处切断（上面的部分可以食用）。

切割→

(2) 在玻璃杯里倒入5厘米深的自来水。

(3) 将3~4根切好的大葱放入杯中。

(4) 放在厨房的窗台上或办公桌上。

(5) 如果条件允许，可以时不时地放在窗边晒晒太阳。

(6) 每日换水。

切割 →

(7) 长到原来的长度时，就可以收割，收割后继续水培。

(8) 重复以上操作。

(9) 如果大葱长势不好，可以每周施用一回液肥。
※ 如果液肥使用过多，会出现病虫害或植株枯萎等现象，所以一定要适量。

观 察 重 点

1
大葱在培育的第二日就开始生长。注意观察切口的变化。

2
观察切口愈合情况。

3
大葱会向着日光或照明灯的方向生长。可以观察大葱的趋光性。

第三课

在花盆里种植大葱

　　二十年前，我就在公寓的十层开始用花盆种植大葱，这是我自给自足的第一步。"千里之行，始于足下"，不管什么事都要有开始。当时，我们夫妇俩都上班，只有双休日才能悠闲地在家中吃一顿饭。大葱一周前刚刚采摘吃掉，到了下周末又长出了不少，所以我们基本不用再买细葱。"如果其他蔬菜也都能自给自足就好了。"自从有了这样的想法，我们在城市的公寓中种植蔬菜也有了不少乐趣。

大葱的阳台种植

准备物品

❶ 花盆

深 10 厘米即可（不需要使用菜园专用的深花盆）

❷ 赤玉土

选购大粒的

❸ 树皮堆肥

❹ 园艺专用土

25 升，价格 30 元以上（太便宜的土不适合用于种植蔬菜）

❺ 一次性筷子

挖定植穴时使用

❻ 混在土中的缓释肥料

和缓又长效的肥料

❼ 液肥

顺序

1 在花盆底铺上赤玉土（大粒），直到覆盖整个花盆底为止。赤玉土可以替代盆底石（提高渗水性）。盆底石在更新土壤方面较为缓慢，而赤玉土却能又好又快地更新土壤。

※ 土壤更新方法请参考第七课的详细解说。

2 把园艺专用土倒入花盆，离盆口 1/5 的位置即可。根据花盆大小，在园艺专用土中掺入缓释肥料（中粒）。长为 65 厘米的花盆加入一把肥料即可。

3 充分浇水直至水从花盆底渗出，充分润湿土壤。

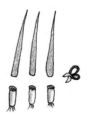

4 在葱靠根部 5 厘米处切断（上面的部分可以食用）。

5 厘米

5 用一次性筷子在土壤中每间隔 5 厘米挖 3 厘米深的定植穴。

6 将切好的葱插入 3 厘米深的定植穴中，并让根与土壤紧贴。

7 给土壤覆盖 1 厘米厚的树皮堆肥。堆肥可以防止土壤快速变干，并对表面疏水。

8 最后轻轻浇水，放置在每日能晒到五小时以上阳光的地方。将花盆放在砖上，可以改善通风状况，也可以预防蛞蝓或潮虫等虫害。

9 当土壤表面变干后，要充分浇水直到水从盆底流出为止。

10 当葱长大后，从一开始培育的高度进行收割。

11 土壤表面干燥后浇水，长大后收割。重复这样的操作。

12 当葱长势不好时，可以每周施用一回液肥，施用液肥可以代替当日浇水。
※ 如果液肥使用过多，可能会导致病虫害发生或植株枯萎。

13 当葱抽出花芽后，就要购买新葱来换种。

观 察 重 点

1

大葱是不怎么爱出现病虫害的蔬菜。如果暴发蚜虫害，可能是肥料施用过量或浇水过多引起的。所以请严格按照肥料说明书施肥，等到土壤表面干了后再充分浇水。暴发蚜虫害后，不要继续种植，要更新土壤，然后购买新葱替换。

2

在通风环境不好的地方种植，种植间距以 10 厘米为宜。

3

每隔 2～3 月在原先的树皮堆肥上再铺一层。

第四课

如果要有机栽培，可以只施用粉状发酵油渣和树皮堆肥

如果去购物中心或园艺店，你就会看到多种多样的商品排列在狭窄的空间里。选购什么商品是十分头疼的问题。先从结论说起，我连续九年参加了日本 NHK 综合频道的节目，如果要使用有机肥，我会推荐施用"粉状发酵油渣"有机肥。另外，土壤改良可以只用树皮堆肥。虽然有番茄肥料、草莓肥料等特定作物的肥料，但其实所有的蔬菜都可以只施用"粉状发酵油渣"和树皮堆肥。

发酵不完全的油渣会影响蔬菜根系生长。这关系到公司信誉，所以知名的肥料

粉状发酵油渣

商不会生产劣质商品。很多商店销售的自有品牌，虽然价格低廉，但其质量值得商榷。另外，发酵油渣除了粉状，还有小粒、中粒、大粒，不过种植蔬菜宜使用粉状发酵油渣。多数蔬菜播种后几个月就可以收获。如果要相对于在短时间内决胜负，使用生效慢的有机肥，那还是选择更适合土壤、能够更早见效的粉状发酵油渣比较好。

树皮堆肥就是在粉碎的树皮中加入牛粪等有机物，再混合微生物等，沤肥后用于改良土壤。最好选择价格高的堆肥。价格低廉的堆肥在打开包装的一瞬间，就能闻到恶臭味和家畜的粪便味。堆肥最好选择带有森林腐叶土气味的。品质不稳定的堆肥，可以先放入塑料瓶中灌入水，放置二十天后播种大萝卜，可以顺利生长就没问题。

粉状发酵油渣和树皮堆肥的使用方法参考本书后面"作者推荐的 30 种蔬菜的培育方法"。

树皮堆肥

第五课

用一个花盆一年连续种植

接下来，介绍只用一个花盆就能收获很多的种植体验。当然，像第三课中介绍的只种植大葱也可以。大葱任何时候都可以种植，并且耐寒性和耐热性都很强，可以实现全年种植、收割。想知道用一个花盆不间断地、根据不同季节种植不同作物，可以收获多少吗？忙于工作、家务或照顾老人时，能马上休息（休耕），所以不用有负担。我想了一个不费事就能实现一年循环种植的方案。有了3—12月的完整计划，什么时候开始都可以。

准备物品

❶ 蔬菜花盆

我最喜欢的花盆

我最推荐长 53 厘米、宽 35.5 厘米、高 26 厘米的花盆

❷ 园艺专用土

25 升，售价 30 元以上

❸ 粉状发酵油渣或缓释化肥和液肥

❹ 树皮堆肥

❺ 蔬菜苗和土豆种块

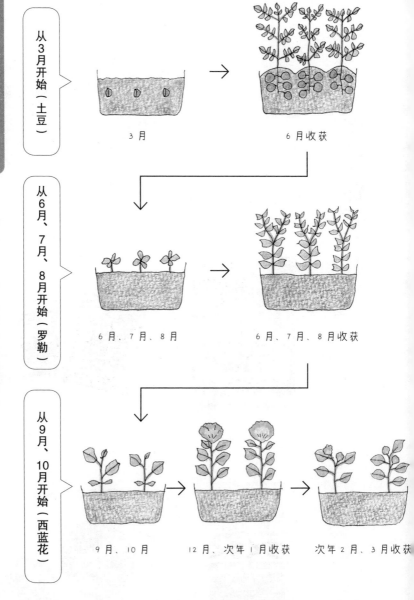

从3月开始种植的方案

从3月开始（土豆）

从3月开始（土豆）

3 月

6 月收获

从6月、7月、8月开始（罗勒）

6 月、7 月、8 月

6 月、7 月、8 月收获

从9月、10月开始（西蓝花）

9 月、10 月

12 月、次年 1 月收获

次年 2 月、3 月收获

3月就从土豆开始种，6—8 月收获。然后 6—8 月种植罗勒。
罗勒收获后，9—10 月种植西蓝花，12 月和次年 1—3 月
就可以收获了。

从4月、5月开始（柿子椒）

从4月、5月开始（柿子椒）

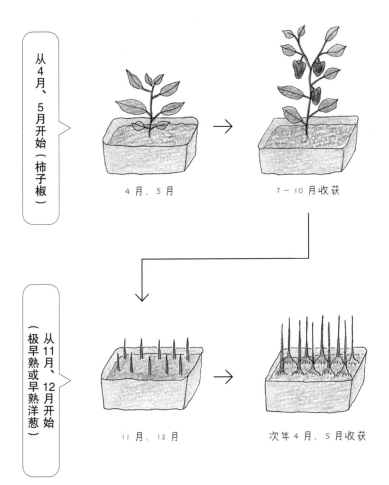

4月、5月 → 7—10月收获

从11月、12月开始（极早熟或早熟洋葱）

11月、12月 → 次年4月、5月收获

4—5月可以从柿子椒开始种，7—10月收获。11—12月种植极早熟或早熟洋葱，次年4—5月收获。

第六课

用三个花盆打造一年不间断的家庭菜园

用三个花盆就可以种植许多植物。在园艺学上，许多品种的花种植在一个盆中叫作混栽。接下来，我就来介绍蔬菜的混栽。在狭窄的空间中，种植不同的植物，它们彼此之间会相互竞争，促进生长。蔬菜长大后，由于茂密混杂，散热不畅问题随之出现，但你无须过于担心——随着蔬菜的生长和不断采收，多品种种植在一起，就可以实现长时间持续采收。和最后一起采收的农业菜园不同，家庭菜园是在不断种植、少量持续采收中循环的。

在采收的同时顺便管理蔬菜，这样浇水也不会成为负担。通常，最好的采收时间是食用之前，这点也是家庭菜园的特色。三个花盆不占什么空间，可以放在院子的凉台、玄关处或公寓的阳台。

用三个花盆种菜

准备物品

① 蔬菜花盆

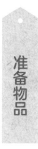

长 53 厘米，宽 35.5 厘米，高 26 厘米

② 粉状发酵油渣或缓释化肥和液肥

③ 园艺专用土

④ 大粒赤玉土
（作为盆底石使用）

如果花盆排水性能良好，可以不使用赤玉土。

⑤ 树皮堆肥

⑥ 有机石灰

⑦ 支架

⑧ 麻绳

⑨ 苗或土豆种块

⑩ 硅酸盐
（尽可能添加）

尽可能添加

从一个杯子开始自给自足 | 第一章　**29**

轻松种植篇

顺序

① 用大粒赤玉土铺在蔬菜花盆的底部。

② 填入园艺专用土，混入缓释化肥后充分浇水。

③ 挖一个与定植苗大小匹配的定植穴，往定植穴中浇水。定植穴的深度就是定植苗的根盘高度。

④ 把定植苗从盆中取出，放入定植穴中。

⑤ 将定植穴周围的土填入定植穴中，用手压紧。

⑥ 在表面覆盖一层树皮堆肥，轻轻浇水。

⑦ 日常管理还涉及当土壤表面变干后充分浇水，直到水从盆底流出为止。

⑧ 当土壤表面覆盖的树皮堆肥变薄，可以看到土表后，再补一层堆肥。液肥每两周施用一回。

有机栽培篇

顺序

① 用大粒赤玉土铺在花盆底部。

② 填入园艺专用土，充分浇水。

③ 挖一个与定植苗大小匹配的定植穴，往定植穴中浇水。

④ 把定植苗从盆中取出，放入定植穴中。

⑤ 将定植穴周围的土填入定植穴，
用手压紧。

⑥ 在土壤表面撒一把粉状发酵油渣。

⑦ 在土壤表面覆盖一层树皮堆肥，
轻轻浇水。

⑧ 日常管理还涉及当土壤表面变
干后充分浇水，直到水从盆底
流出为止。

⑨ 每三周在土壤表面施用一回粉
状发酵油渣，并用堆肥遮盖。

三个花盆的种植计划

计划 **A**

① 小番茄紧凑种植管理。
② 罗勒可以促进小番茄生长。不断采收叶子，腋芽就会不断生长出来。
③ 万寿菊可以预防小番茄的病害。剪下来扦插即可。

5月定植，到10月下旬就能收获。

万寿菊	罗勒		罗勒	万寿菊
万寿菊	罗勒	小番茄	罗勒	万寿菊

计划 **B**

① 在采收黄瓜后，8月开始交替种植落葵。
② 青紫苏在小叶阶段，就可以从下部叶子开始不断采收。
③ 细葱每两周采收一回。用剪刀收割。

5月定植，到9月中旬就都能收获。

细葱	青紫苏		青紫苏	细葱
细葱	青紫苏	黄瓜一落葵	青紫苏	细葱

计划 **C**

① 莴苣和罗马生菜是从外叶开始采收的。收获后最好留三四片叶子。
② 芹菜也是从外叶开始采收的。

5月定植，到9月中旬就能收获。

芹菜	罗马生菜		罗马生菜	芹菜
芹菜	罗马生菜	莴苣 莴苣	罗马生菜	芹菜

--- 管理 ---

①在花盆下垫上砖，可以改善通风状况。理想日照时间为每天四小时以上。②等土壤表面变干后再浇水，每次浇水要让水从盆底流出为止。浇水可以补充空气，同时促进废物流出。③严格按照肥料说明书施肥。过量施肥就和人过量饮食一样有反作用。④病虫害发生时，要及时更新土壤，同时更替植株。⑤频繁采收可以让蔬菜生长更好。⑥通常，要用树皮堆肥覆盖表土，直到看不到表土为宜。

① 极早熟洋葱 11 月定植，次年 5 月上旬就能采收。
② 折断叶子采收。
③ 每三周左右追肥一次。

11 月定植，次年 5 月上旬收获

极早熟洋葱	极早熟洋葱	极早熟洋葱	极早熟洋葱	极早熟洋葱
极早熟洋葱	极早熟洋葱	极早熟洋葱	极早熟洋葱	极早熟洋葱

① 12 月收获西蓝花的亲株后，还能采收不少小西蓝花。捕杀菜青虫。

重点：西蓝花的苗要向外侧倾斜定植。

9 月中旬定植，次年 3 月下旬就能收获

细葱	西蓝花	细葱	西蓝花	细葱
西蓝花	细葱	西蓝花	细葱	西蓝花

① 空心菜和长蒴黄麻不断切割收获。
② 芹菜从外叶开始采收。

9 月中旬定植，10 月中旬就能收获

芹菜	空心菜	长蒴黄麻	空心菜	芹菜
芹菜	空心菜	长蒴黄麻	空心菜	芹菜

↓

① 在超市购买喜欢的大蒜品种来定植。
② 叶子变成茶色后就能收获。
③ 每三周左右追肥一次。

10 月中旬定植，次年 6 月收获

大蒜	大蒜	大蒜	大蒜	大蒜
大蒜	大蒜	大蒜	大蒜	大蒜

第七课

可以不断更新！花盆土扔掉太可惜

　　农民不会将土壤丢弃，他们珍视从祖先传承下来的土壤。花盆中的土壤同样也不可丢弃，经过更新的土壤可以反复使用。请将土壤当作生物体来对待。混入土壤中的有机肥，维持原样就无法达到理想效果。它们如果不经过土壤中的蚯蚓和微生物分解，是无法被植物吸收的。当然，土壤中不仅有矿物质，还有许多生物。这些生物共同协作，才能培育植物。

把土壤当作生物体来对待，就很好理解了。

给硬土壤"按摩"

植物成长时，根系会在土壤中延伸，固定住土壤，这就好比工作一天后我们的肩膀会酸硬。就像我们需要放松一样，土壤也需要用铲子疏松。在疏松土壤的同时，要用树皮堆肥补充土壤失去的营养。

给土壤补充营养

由于土壤中的养分被植物吸收，养育植物的土壤会逐渐变得贫瘠，就像我们工作一天会饥饿一样。这时，我们需要给植物补充营养，在土壤中加入粉状发酵油渣。

在酸性土壤中加入无机物

另外，植物在成长的过程中，根系会释放有机酸，有机酸可分解土壤中的养分、溶解无机物，然后再让根系吸收。结果根系残留的酸会让土壤酸化。就像我们工作后，疲劳也会使身体酸化一样。要让酸性土壤变回弱酸性土壤，就要使用碱性有机石灰。有机石灰一般都用牡蛎壳作为原料，不仅可以调节土壤酸碱值，还可以补充无机物。加入有机石灰的当日就可以定植，所以十分便利。

土壤更新的方法

准备物品

① 培育植物的土壤
② 45 升的透明塑料袋
③ 树皮堆肥
④ 粉状发酵油渣
⑤ 有机石灰
⑥ 硅酸盐（尽可能添加）
⑦ 移植铲

顺序

更新方法中的前五步，可以同时进行。

① 去除老根。

　　将培育完的蔬菜或花卉从土中拔出后，会留下老根。有些蔬菜种植的书中记载，要将老根小心摘除，其实没必要那么费事，只要将粗根去除就可以了。深入地下的根，会随着时间变化变成肥料，让土壤松软。

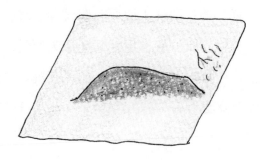

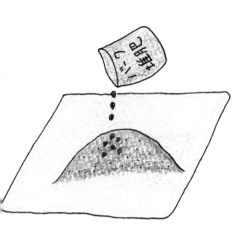

② 板结土壤的更新。

种完蔬菜或花卉后，土壤通常会变硬，这就像我们的肩膀变硬一样。用移植铲或铁锹松土，同时加入完全发酵的树皮堆肥（为土壤总量的一成最适宜），树皮堆肥宜选用没有臭味的，也没有小枝的。

③ 因为土壤的营养被蔬菜和花卉吸收了，所以要补充营养。

通常，我们在体力劳动或脑力劳动之后会有饥饿感，土壤也一样。在花卉和蔬菜的成长过程中，其根系会吸收土壤中的养分，所以要给土壤补充养分。市面上有许多化肥，宜选用缓释化肥（中粒）。这种肥料在混入土壤后，可以长时间稳定、缓慢地生效。因为没有臭味，所以不会吸引苍蝇等害虫，在住宅密集的区域也可以使用。如果选择有机肥，可以选择粉状发酵油渣，但不要选择商店里的自有品牌，最好选择肥料生产商的粉状发酵油渣，这种肥料的品质稳定。

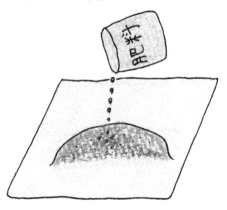

缓释化肥和粉状发酵油渣按照说明书施用

④ 将酸性土壤转成弱酸性。

就像人们疲劳后身体会酸化，土壤也一样。土壤中的植物根系会释放有机酸，以溶解土壤中的肥料，从而吸收营养。由于有机酸，土壤会慢慢酸化。虽然有例外，但一般植物都喜好弱酸性土壤，所以有必要让土壤恢复到弱酸性。首先，如攘雪一般撒入以牡蛎壳为原料的、富含无机物和钙的有机石灰，混合之后可以立刻用于定植。如果石灰材料中含有消石灰和苦土石灰，那么这两种材料在混合后要放置一段时间，不可以立刻用于定植。

⑤ 稍微费些事加入防腐根的药剂。

培育过植物的土壤中的肥料和无机物都被吸收掉了，同时存留着废物，如果用人来打比方，就像人处于疲劳状态。为了让土壤恢复活力，就要加入防腐根的药剂（硅酸盐）。

加入防腐根药剂可以吸附、去除土壤中的不良气体或不纯的离子、杂菌等，同时调节酸度，使土壤板结的情况得到改善，同时补充离子，让疲劳的土壤健康起来。加入的硅酸盐白土富含镁和铁等微量元素，可以促进植物光合作用，让土壤恢复活力，助力蔬菜和花卉更好地生长。

在培育花卉和蔬菜时，发生病虫害的土壤也是可以再利用的。首先在更新土壤前，要将土壤用小塑料袋分装并封闭好，在阳光直射下照射一周时间。当袋中温度达到五六十摄氏度时，就可以杀死病虫。花坛和耕地可以在耕好后，用透明塑料膜覆盖土壤表面，放置一周时间。直射的阳光和高温可以起到为土壤消毒的作用。之后再在土壤中混入完全发酵的堆肥或粉状发酵油渣，让土壤得到更新。

第八课
至
第十二课

第二章

从小庭院开始
自给自足的生活

第八课

即使不耕作庭院，用半天时间也能打造美丽的菜园

继花盆之后，庭院是让你享受种菜乐趣的第二块空间。首先要说明的是，不要在庭院耕地。说到整理庭院，很多人首先想到的是"培育土壤"。不过耕作庭院进行土壤培育，是一件重体力活，可能会挖出黏土和石头，不好处理。

我推荐的方法不是耕作庭院，而是在庭院内放置木框，在木框里倒入市场上销售的园艺专用土。这个方法可以提高种植速度、美观度，避免连作障碍（下文说明）。制作方法用插图来解说。

在狭小的空间，为了不发生连作障碍，放置四个木框来分割区域。在通道铺上砖头，砖头之间种植香草。

木框高于地面，所以即使在渗水性不好的庭院，也可以打造家庭菜园。另外，有一定高度也让蔬菜看起来很美观。在做农事时，膝盖的负担也不至于过重。

连作障碍

在同一地方连续种植同一种植物(蔬菜)，易发病虫害，无法培育出健康的植株，这就是连作障碍。为了避免连作障碍，打造菜园时要划分区域，避免根系互相牵连非常重要。

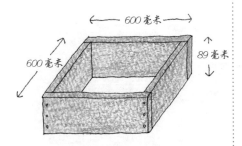

1 首先制作木框。比较推荐的是 600 毫米 ×600 毫米的大小。在全国的销售中心都能购买到的 2×4 的木材[1]，或是 2×4 以外的也行。

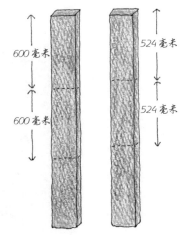

3 制作一个 600 毫米 ×600 毫米的木框，需要两根基本材料。

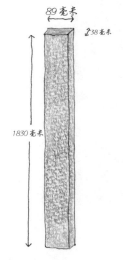

2 2×4 木材是如图所示尺寸。38 毫米 ×89 毫米 ×1830 毫米是最常见的（基本材料）。

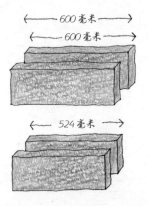

4 需要将木材切段，最好是在购物中心选择付费切割。我也是这样做的。做一个木框需要的材料包括：长 600 毫米、厚 38 毫米的木材两根，长 524 毫米、厚 38 毫米的木材两根。购买和切断前要先确认实际尺寸。

---

1. 2×4 的木材是指一种固定尺寸的木板，具体尺寸为 38 毫米 ×89 毫米 ×1830 毫米。

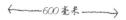

5 在长 600 毫米的两根木材上，分别打六个孔。

6 用长 57 毫米的木销将四块木板组合起来。

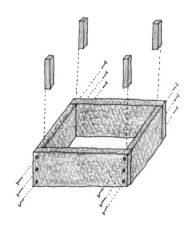

7 想要提升稳固性，可以在角的部位挡上木销。

8 木框放在庭院内，做好布局。可以横着排放，也可以摆成 L 形。这完全取决于种植者自己的喜好。木框的高度就是土壤的深度，所以如果要种植白萝卜这样的根菜，至少需要 30 厘米高（木框为四段以上）；花草或叶菜类只需 15 厘米高就足够了。

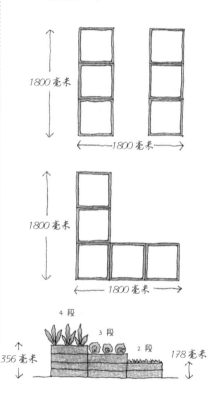

9 确定好木框的位置，倒入园艺专用土。选择 25 升售价 30 元的为宜。便宜的土质量难以得到保证，尽量避免使用。

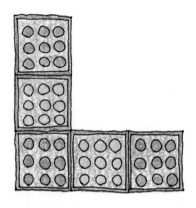

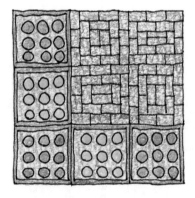

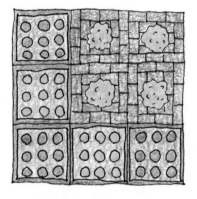

10 在木框内种植蔬菜后，将木框外面装饰一下。比如铺上鹅卵石或其他石头，不仅让外观好看，下雨后进行园艺作业也不会弄脏鞋子。

11 木框长、宽为60厘米，所以要考虑区域分割，选择长200毫米 × 宽100毫米的砖块，铺起来效果不错。如果没有砖块，选择种植香草也不错。

12 让砖块像踏脚石一样排列，延伸到厨房入口，菜园就很容易打理。

13 可以放置一些赤陶花盆做装饰，使其成为亮点。

14 尽管庭院狭窄，但用木框分割后也不会发生连作障碍。

15 替植时需要翻新土壤，可以参考上文翻新土壤的说明。木框容易腐坏，可以将内侧和底部用火烧一下，起到防腐的效果。

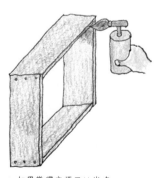

※ 如果觉得麻烦可以省略.

16 木框腐坏后，就是菜园返修的时期。处理掉旧木框，然后重新制作新的。旧木框是可燃垃圾，但为了安全起见，还是要询问各地不同的要求再做处理。

第九课

漂亮！砌砖打造的菜园

购买喜欢的砖，将它们简单堆砌起来，就能打造出菜园。和孩子们一起打造菜园，可能比第八课的制作木框更简单。用砖砌菜园时，五块砖垒加的高度即可。因为砖本身很沉，再加上里面会放满土，打造的菜园就很难被人为破坏了。

注意，堆砌时不要把砖砌歪了，固定的方法很简单，可以灵活运用速干水泥。用插图简单说明。

日本 NHK 综合频道介绍的我家砖砌菜园

用砖打造菜园

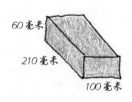

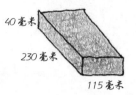

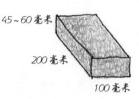

60毫米
210毫米
100毫米

日本砖的尺寸

40毫米
230毫米
115毫米

澳大利亚砖的尺寸

45~60毫米
200毫米
100毫米

古砖的尺寸

日本砖的尺寸··············长 × 宽 × 高 =210毫米 ×100毫米 ×60毫米
澳大利亚砖的尺寸······长 × 宽 × 高 =230毫米 ×115毫米 ×40毫米
古砖的尺寸 ··············长 × 宽 × 高 =200毫米 ×100毫米 ×45~60毫米

推荐的砌砖法和分割法

切割砖时，将砖削放
在砖要劈开的地方，
然后用锤子敲。

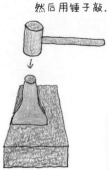

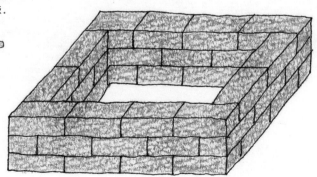

速干水泥的使用方法

因为砖有一定重量，所以直接堆砌上就可以。不过，使用速干水泥来固定会更牢固。水泥和好后，将一团速干水泥放在砖上。在用速干水泥之前，先要把砖浸在水里。

推荐布局

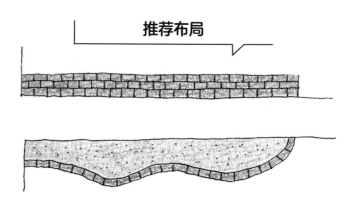

砖和木框不同，很容易摆出曲线。

第十课

收获有时节，定植也有时节

1月土豆种块上市，3月番茄苗上市，我有时也会想自己是不是有些早了。普通消费者在商店看到土豆种块和蔬菜苗开始销售，就会觉得这是定植的最佳时期。

就像收获有时节一样，定植也有时节

蔬菜苗定植和播种的最佳时节表

	1月上旬	1月中旬	1月下旬	2月上旬	2月中旬	2月下旬	3月上旬	3月中旬	3月下旬	4月上旬	4月中旬	4月下旬
圆白菜								★	★			
西蓝花								★	★			
白菜								★	★			
青梗菜								◎	◎	◎	◎	◎
小松菜								◎	◎	◎	◎	◎
春菊								◎	◎	◎	◎	◎
芹菜								★	★	★	★	★
叶生菜								★	★	★	★	★
韭菜								★	★	★	★	★
葱								★	★	★	★	★
落葵												
长蒴黄麻												
空心菜												
罗勒												
薄荷												
薤头												
大蒜												
洋葱												
小番茄											★	
小黄瓜											★	★
茄子											★	★
柿子椒											★	★
秋葵											★	★
西葫芦											★	
豌豆							★	★	★			
土豆							★	★	★			
甘薯												
白萝卜								◎	◎			
水萝卜								◎	◎			
胡萝卜								◎	◎			

从表中我们可以了解到，3月、5月、9月、11月是定植的关键

（播种时节、定植时节）。这里我为大家总结一些主要蔬菜定植的最佳时节。以我住的奈良市为基准，东京、名古屋、大阪、广岛、福冈周边的定植时节应该差不多。春夏蔬菜，奈良以北的种植者，可以用樱花开花时间来判断。例如，比奈良晚开花两周的地域，定植也要晚两周为宜。秋冬蔬菜可以参考下表。

★秧苗栽种时期　◎播种时期

	5月上旬	5月中旬	5月下旬	6月上旬	6月中旬	6月下旬	7月上旬	7月中旬	7月下旬	8月上旬	8月中旬	8月下旬	9月上旬	9月中旬	9月下旬	10月上旬	10月中旬	10月下旬	11月上旬	11月中旬	11月下旬	12月上旬	12月中旬	12月下旬
叶菜类																								
														★	★									
														★	★									
														★	★									
	◎	◎	◎											◎	◎									
	◎	◎	◎											◎	◎									
	◎	◎	◎											◎	◎									
	★	★	★											★	★	★	★	★						
	★	★	★											★	★	★	★	★						
	★	★	★	★	★	★	★							★	★	★	★	★						
	★	★	★	★	★	★	★	★						★	★	★	★	★						
	★	★	★	★	★	★	★																	
	★	★	★	★	★	★	★	★																
	★	★	★	★	★	★	★	★																
	★	★	★	★	★	★	★	★																
													★	★	★	★	★	★	★	★				
														★	★	★	★	★	★	★	★	★		
																			★	★	★	★		
果菜类																								
	★	★	★																					
	★	★	★	★	★	★																		
	★	★	★																					
	★	★	★																					
	★	★	★	★	★	★																		
	★	★	★																					
																			◎	◎	◎			
根菜类																								
		★	★	★									★	★	★									
														◎	◎									
														◎	◎									
											◎	◎	◎											

第十一课

比起播种，
更推荐从苗木开始培育

在日语里有"苗半作"这个词语，意思是如果苗木培育得好，那么作物生长就成功了一半。虽然谈不上"三岁看老"，但植物在幼苗期很关键。我常年观察好的苗木，发现很多苗木生命力旺盛，常常会让人有"真想快点将它们定植好，让它们快快长大"的想法。健康的苗木并不是人类培育的，而是自身生长的。所以，即使是初学者种植的植株也不会莫名其妙地枯萎，除非他们做一些奇怪的事。培育蔬菜苗木需要一定经验和时间来进行发芽温度控制、水分管理等。所以对初学者而言，更推荐直接购买苗木。

要点 1 在商店的进货日购买苗木

　　在市场上销售的多数蔬菜苗都是由专业育苗者培育的。苗木质量不好的话，园艺店和销售中心都不会购买。苗木从生产者到达贩卖店时，以及在贩卖店的数日间，品质是没有问题的。所以你可以向商店打听一下进货日，如果是大型商店，你可以咨询服务中心。

　　为什么在进货日购买苗木最好？从生产者到达商店后，好的苗木也开始变差。变差的原因多种多样，首先是消费者会无意间碰触苗木，这会给苗木造成一定损伤，甚至茎叶被折断的情况也时有发生。而且在育苗基地，苗木之间会有空隙，通风状况良好，但是在商店里就没有这样的条件了，许多苗木挤在一起，通风效果较差。

　　另外，大型商店销售很多苗木，而工作人员有限，经常顾不上浇水，很多苗木会不断出现缺水现象，好的苗木也会逐渐变差。

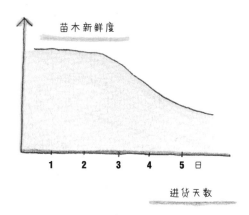

选购有子叶的苗木

好的苗木是：

1 茎粗且笔直。
2 叶子肥厚，叶数多。
3 叶和叶的间隔短。
4 植株基部不摇晃。
5 带着子叶。

　　按照右边五点选购好的苗木，特别是我提到的子叶。子叶是发芽后最先长出来的。在育苗好的情况下，子叶通常会较为肥厚。最开始长出的子叶是最老的叶子。在苗木培育过程中，如果遇到断水等给苗木带来压力的情况，子叶就会掉落。所以，如果购买时还带着子叶，说明在育苗的过程中，苗木没有遇到断水等意外情况。

　　也就是说，有子叶就是苗木培育成功的关键特征。

子叶很重要

使用自根苗还是嫁接苗？

苗木分为从种子培育起来的自根苗（实生苗）和将容易染病的品种嫁接到砧木的嫁接苗两种。刚开始在菜园或花盆中种植时，宜选用自根苗。但是随着种植蔬菜的时间越长，极容易发生病虫害，这时宜选用嫁接苗。

自根苗、实生苗

嫁接苗

第十二课

发芽的关键是种子和土紧密结合

　　第十一课讲了刚开始种植蔬菜时，直接用幼苗种植较好。但是，也有买不到幼苗的蔬菜。比如胡萝卜、白萝卜等，必须从种子开始培育。这里推荐初学者也很容易培育的白萝卜，也有适合在花盆种植的周期较短的品种。

　　另外，从种子开始培育也有从苗木开始种植没有的优势——可以收获幼叶。幼叶没有怪味、十分柔软，适合做沙拉或其他配菜。种子的发芽率越高越好，间苗下来的可以食用。青梗菜、小松菜等的间苗都可以食用，胡萝卜间苗下来的炸一下也很好吃。

胡萝卜间苗

幼叶

要点 1 播种后覆盖的土壤选择"砂土"或"播种专用土"

对土壤中的微生物而言，种子就是食物。这是怎么回事呢？现在就为大家解惑。我们采收种子并播种，但是对土壤中的微生物而言，不论是种子还是生鲜垃圾都一样。在用生鲜垃圾堆肥时，我们借助了土壤微生物，不太可能只用种子而不用堆肥。也就是说，用土壤微生物多、肥沃的土壤培育蔬菜是最适合的。但是对毫无防备的种子来说，就突然增加了许多"敌人"。这时，种子上面覆盖的土壤，就要使用没有种子"敌人"的砂土（砂土可以在商店购买到），或者去园艺店购买播种专用土壤。

要点 2 播种前要充分润湿土壤

是不是大家都认为播种后再浇水？其实，在播种前浇水是非常必要的。在播种前让土壤充分湿润，到发芽前土壤就很难变干了，发芽率也会提高。播种后浇水，注意只要润湿覆盖种子的土壤即可，浇水时动作要轻柔。

覆土深度为种子直径的2~3倍

种子覆土深度为种子直径的2~3倍。覆盖土过厚，发芽的种子很难钻出土表。在浇水后的砂土上放置种子，再在其上覆盖砂土。

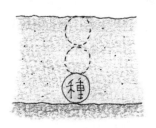

让种子和土壤紧密结合

播种覆土后，用手掌轻压覆土，让湿润的土壤和种子紧密结合，就像按下了种子发芽的开始键。另外，轻压土壤可以让地下水分和地表水分相互渗透，从而维持土壤的湿润性。

不要让种子在土壤干燥的情况下发芽

　　不要让种子在土壤干燥的情况下发芽，不过浇水时切忌过猛，以免冲跑种子，浇到让覆土湿润的程度即可。

在雨天前一日播种

　　雨天前一日往往气压低、湿度高。自然界的植物不会期待人为浇水，它们对气象变化十分敏感，在下雨前就准备好发芽了。所以，我觉得在雨天前一日播种，种子的发芽率会上升。

播种日

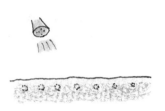

晴朗　→　晴转多云　→　雨

第十三课
至
第十九课

第三章

从借田开始
自给自足的生活

第十三课

借田时确认好田里生长的杂草

想要借的田地中杂草丛生，你会怎么想？我认为能够培育这些植物（杂草）的土壤，也一定有培育蔬菜的能力。人类即使不做什么，杂草也会肆意生长，这就是自然的力量。土地的这份力量经过人类的努力，可以用于种植蔬菜。土地到底有多大的力量可以用于种植蔬菜，还得看其生长了什么样的杂草。还有，从杂草的种类能判断要如何改良土壤。杂草不是偶然生长在那里的，而是有一定的必然性。不用特地找专门的机构分析土壤成分，只要观察杂草就能知道土壤质量。下面介绍五个决定条件。

① 土壤的酸性。
② 日照条件。
③ 土壤水分。
④ 土壤肥沃程度。
⑤ 土壤硬度。

杂草 check

生长着笔头菜、酢浆草

土壤酸性过强，土壤上就会长出笔头菜、酢浆草。多数蔬菜偏好弱酸性土壤，所以要加入碱性物质（有机石灰），让酸性土壤变成弱酸性。1平方米加入三把碱性物质即可。在蔬菜生长发育的过程中，笔头菜的生长势头逐渐减弱，便是较为理想的调节方式。不要想着一下就能全部清除。急剧的环境变化，不仅对蔬菜不利，对分解肥料等帮助植物吸收的土壤微生物也会带来毁灭性打击。不过，土豆倒是偏爱酸性土壤，如果种植土豆，就不需要做什么处理。

杂草 check

生长着鱼腥草

鱼腥草多生长于水分多、处于阴凉处的土壤。水分多时需要培高垄。这样的话，即使水滞留也没有关系。可以将带来阴凉的树木进行修剪，确保日照条件。

杂草 check

生长着繁缕、宝盖草

当土壤里长着繁缕、宝盖草等杂草时，就是最理想的种植蔬菜的环境。垄的高度维持现状即可。

杂草 check

生长着四籽野豌豆和鸭跖草

水分稍微有些多，需要培几厘米的垄。1平方米使用 20 升的堆肥来改良土壤。

杂草 check

生长着三叶草和艾蒿

像三叶草这样的豆科植物，根系会有根瘤菌，可以固定空气中的氮素并吸收。即使土壤中缺少营养，植物也能勉强生长。这样的土壤肥沃程度低，1平方米使用 30 升的堆肥来改良土壤。

杂草 check

生长着蒲公英、芒草

在土壤硬、肥力极端低下的情况下，地里将容易生长蒲公英、芒草等杂草。首先要松土，缓解土壤硬度。在这种土壤中生长的杂草根系发达，要尽可能去除所有根。1平方米使用 40 升的堆肥来改良土壤。

第十四课

垄的宽度、高度及方向都要与周围农户的一致

垄的宽度和高度根据地域不同会有所变化。如果不知道垄的宽度、高度及方向，最好和周围农户田地的垄保持一致。因为周围的农户都是根据多年的经验以及土壤的水分、硬度改良田地的。日本 NHK 综合频道的节目《趣味园艺蔬菜时间》的外景拍摄地的高度较低，因为录制用的土地渗水性较好。如果借来的土地渗水性不好，那么像电视中那样培垄就无法种植蔬菜。不要依赖书本和电视，要多向周围的农户请教并观察。

接下来是垄的方向的设置，原则上是南北走向。理由十分简单：南北走向的垄，能够让整个植株接收充足的阳光，而如果是东西走向的垄，种植比较高的蔬菜就会挡住后面蔬菜的阳光。不过根据场地，优先考虑渗水性，也有可能改成东西走向。也就是说，要考虑整体的水的流向和排水沟的配置来设置垄的方向。水的流向通过观察雨水的流向就能知道。

高垄适合种植喜干旱环境的蔬菜

例如番茄、土豆、甘薯等。

低垄适合种植喜湿润环境的蔬菜

例如洋葱、黄瓜、叶生菜等。

为什么要培垄?
需要知道的三件事。

第一重要的是:
雨天不要让蔬菜的根系浸泡在水中,防止腐根。

第二重要的是:
好的渗水环境可以让蔬菜的根呼吸新鲜的空气。

第三重要的是:
培垄可以防止蔬菜的根跑到相邻的田地里去,避免连作障碍。

第十五课

定植区域分块

大家已经从上文知道"连作障碍"这个词。连作障碍是指，连续种植同一种蔬菜，会导致产量减少、易发病虫害、植株容易枯萎等问题。蔬菜种植的书里首先会提到"连作障碍"，在园艺爱好者集会上，"连作障碍"也会经常成为话题。必须警惕连作障碍的蔬菜只有番茄和豌豆类，这是不是和其他书的说法都不一样？就我的庭院和租借的农园的规模而言，不可能让所有的蔬菜都不连作。这时就要考虑必须避免连作的番茄和豌豆怎么种才好，其他的蔬菜要尽力避免连作。能够这样断言的专家并不多。我这样说只是考虑到现实情况，而不是光谈理想状态。怎么样？是不是感觉轻松了一些？

定植区域分为四块即可

不要只在庭院种植番茄和豌豆，也可以用菜园专用花盆来种植。如果番茄和豌豆不种在田地和庭院中，那么定植区域的划分就相当自由了。而且豌豆每日都可以采收，收获期将至，还可以将花盆移到厨房。

番茄和豌豆都十分适合在花盆中种植，只用一个菜园专用花盆就足够了。

豌豆　　　　　　　　　　小番茄

 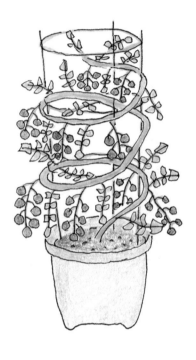

每盆每天都能采收　　　　　　每株采收超过一百个

第十六课

想要完全实现自给自足，需要 330 平方米的田地

 要实现 100% 自给自足的生活，需要多大的面积？

 大概需要 330 平方米。

330 平方米的面积相当大了。如果以种植叶菜类为主，有 165 平方米就足够了。但如果还要种植南瓜、西瓜、甘薯、大豆等其他蔬菜，就需要更大面积。所以如果种不了这些蔬菜，我还是推荐大家购买蔬菜。不要一下努力过度，循序渐进最重要。

我的田地有 330 平方米，不过形状是三角形。为了让读者容易理解，我将田地变成正方形来说明。下面就用插图来说明，共分为 36 块，如果能够理解，那么无论什么形状的土地都可以灵活应用了。

开始吧!

← 约18米 →

↑ 约18米 ↓

① 330 平方米约等于 18 米 ×18 米的面积。

↔ 1.5 米

↑ 约18米 ↓

② 垄宽 60 厘米，共分为 12 列。

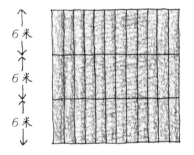

↑ 6米 ↓
↑ 6米 ↓
↑ 6米 ↓

③ 每列分为 3 段，每段长 6 米。

1	2	3	4	5	6	7	8	9	10	11	12
13	14	15	16	17	18	19	20	21	22	23	24
25	26	27	28	29	30	31	32	33	34	35	36

④ 12 列一共分为 36 块，然后按顺序编号。

按照第十五课中讲的，下面是只考虑番茄和
豌豆的连作障碍的种植计划。

330 平方米自给田地的种植示例

3月

| 超级早熟洋葱 | 晚熟洋葱 | 大蒜 | | | 小松菜、青梗菜 | 叶生菜 | 西蓝花 | 荷兰豆、蚕豆 | 草莓 | 土豆 | 土豆 |

6米

| 超级早熟洋葱 | 晚熟洋葱 | 薤头 | 大蒜 | 白萝卜、水萝卜 | 白萝卜、水萝卜 | 叶生菜 | 圆白菜 | 荷兰豆、蚕豆 | 草莓 | 土豆 | 土豆 |

6米

| 早熟洋葱 | 晚熟洋葱 | 韭菜、春笋、阳荷 | 九条葱 | 胡萝卜 | 春菊 | 芹菜 | 羽衣甘蓝 | 荷兰豆、蚕豆 | 草莓 | 土豆 | 土豆 |

6米

←——————— 约18米 ———————→

4月

| 超级早熟洋葱 | 晚熟洋葱 | 大蒜 | | | 小松菜、青梗菜 | 叶生菜 | | 荷兰豆、蚕豆 | 草莓 | 土豆 | 土豆 |

6米

| 极早熟洋葱 | 晚熟洋葱 | 薤头 | | 白萝卜、水萝卜 | | 叶生菜 | 圆白菜 | 豌豆 | 草莓 | 土豆 | 土豆 |

6米

| 早熟洋葱 | 晚熟洋葱 | 韭菜、春笋、阳荷 | | 胡萝卜 | | 白萝卜、水萝卜 | 羽衣甘蓝 | 豌豆 | 草莓 | 土豆 | 土豆 |

6米

图例

- 播种
- 苗木定植
- 育成与收获（主要是育成）
- 育成与收获（主要是收获）
- 休耕（不种植）

5月（约18米 × 约18米）

西瓜	晚熟洋葱	大蒜	番茄、罗勒	茄子	小松菜、青梗菜	叶生菜	西葫芦	荷兰豆、蚕豆	草莓	土豆	土豆
南瓜	晚熟洋葱	薤头	柿子椒	黄瓜、紫苏	白萝卜、水萝卜	叶生菜	圆白菜	豌豆	草莓	土豆	土豆
早熟洋葱	晚熟洋葱	韭菜、春笋、阳荷	秋葵	胡萝卜	（休耕）	芹菜	羽衣甘蓝	豌豆	草莓	土豆	土豆

6月（约18米 × 约18米）

西瓜	晚熟洋葱	大蒜	番茄、罗勒	茄子	空心菜、长蒴黄麻	叶生菜	西葫芦	大豆、毛豆	大豆、毛豆	土豆	土豆转甘薯
南瓜	晚熟洋葱	薤头	柿子椒	黄瓜、紫苏		叶生菜		大豆、毛豆	大豆、毛豆	土豆	土豆转甘薯
	晚熟洋葱	韭菜、春笋、阳荷	秋葵	落葵		芹菜				土豆	土豆

7月

西瓜 | 西瓜的藤蔓所占地 | 白萝卜、水萝卜 | 茄子 | 空心菜、长蒴黄麻 | 叶生菜 | 西葫芦 | 大豆、毛豆 | 大豆、毛豆 | 甘薯的藤蔓所占地 | 甘薯　6米

南瓜 | 南瓜的藤蔓所占地 | 柿子椒 | 黄瓜、紫苏 | 叶生菜 | 大豆、毛豆 | 大豆、毛豆 | 甘薯的藤蔓所占地 | 甘薯　6米

韭菜、春笋、阳荷 | 秋葵 | 落葵 | 芹菜　6米

← 约18米 →

8月

西瓜 | 西瓜的藤蔓所占地 | 番茄、罗勒 | 茄子 | 空心菜、长蒴黄麻 | 西葫芦 | 大豆、毛豆 | 大豆、毛豆 | 甘薯的藤蔓所占地 | 甘薯　6米

南瓜 | 南瓜的藤蔓所占地 | 柿子椒 | 黄瓜、紫苏 | 大豆、毛豆 | 大豆、毛豆 | 甘薯的藤蔓所占地 | 甘薯　6米

韭菜、春笋、阳荷 | 秋葵 | 落葵　6米

图例

- 播种
- 苗木定植
- 育成与收获（主要是育成）
- 育成与收获（主要是收获）
- 休耕（不种植）

9月（约18米 × 约18米）

第一行	第二行	第三行
（空）	南瓜	叶生菜
（空）	南瓜的藤蔓所占地	叶生菜
小松菜、青梗菜	春菊	白萝卜、水萝卜
番茄、罗勒	柿子椒	秋葵
茄子	黄瓜、紫苏	落葵
空心菜、长蒴黄麻	羽衣甘蓝	芹菜
白菜	西蓝花	九条葱
西葫芦	圆白菜	九条葱
大豆、毛豆	大豆、毛豆	白萝卜、水萝卜
大豆、毛豆	大豆、毛豆	白萝卜、水萝卜
甘薯的藤蔓所占地	甘薯的藤蔓所占地	胡萝卜
甘薯	甘薯	胡萝卜

10月（约18米 × 约18米）

第一行	第二行	第三行
大蒜	南瓜	叶生菜
薤头	（空）	叶生菜
小松菜、青梗菜	春菊	韭菜、春笋、阳荷
番茄、罗勒	柿子椒	秋葵
茄子	黄瓜、紫苏	（空）
（空）	羽衣甘蓝	芹菜
白萝卜、水萝卜	西蓝花	九条葱
西葫芦	圆白菜	九条葱
大豆、毛豆	大豆、毛豆	白萝卜、水萝卜
大豆、毛豆	大豆、毛豆	白萝卜、水萝卜
甘薯的藤蔓所占地	甘薯的藤蔓所占地	胡萝卜
甘薯	甘薯	胡萝卜

11月

6米	大蒜	藠头	小松菜、青梗菜	草莓	草莓	草莓	白菜		晚熟洋葱	早熟洋葱	超极早熟洋葱
6米			春菊	荷兰豆、蚕豆	豌豆	羽衣甘蓝	西蓝花	圆白菜	晚熟洋葱	晚熟洋葱	极早熟洋葱
6米	叶生菜	叶生菜	韭菜、春笋、阳荷	豌豆		芹菜	九条葱	九条葱	白萝卜、水萝卜	白萝卜、水萝卜	胡萝卜	胡萝卜

← 约18米 →

12月

6米	大蒜	藠头	小松菜、青梗菜	草莓	草莓	草莓	白菜		晚熟洋葱	早熟洋葱	超极早熟洋葱
6米			春菊	荷兰豆、蚕豆	豌豆	羽衣甘蓝	西蓝花	圆白菜	晚熟洋葱	晚熟洋葱	极早熟洋葱
6米	叶生菜	叶生菜	韭菜、春笋、阳荷	豌豆		芹菜	九条葱	九条葱	白萝卜、水萝卜	白萝卜、水萝卜	胡萝卜	胡萝卜

80

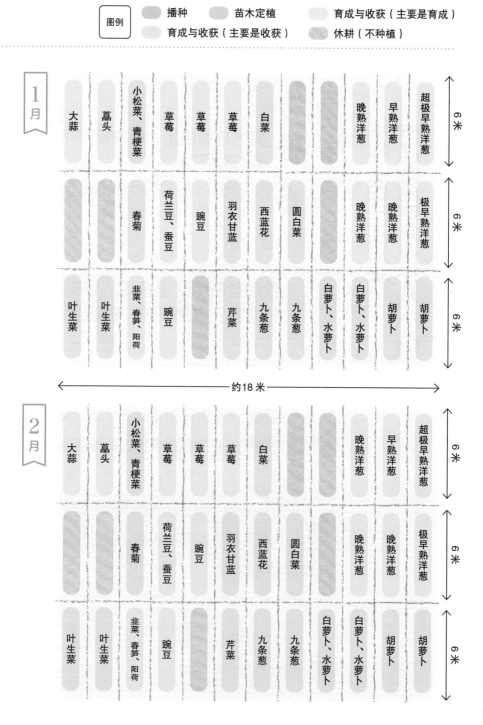

第十七课

为了自给自足，每周需要劳作八小时

> **问** 完全自给自足，每周需要花多长时间？
>
> **答** 每周平均需要花一天（八小时）或者每日一小时。

致那些听到这里感觉"好花时间啊，果然不行"的读者

　　每周抽一天去田里，剩下六天不需要去。也就是说，基本上蔬菜是放养状态。每周花一天去做一些必须做的事情，清理蔬菜的生长环境，剩下就靠蔬菜自力更生了。时隔一周再去田里时，你会发现蔬菜的长势十分惊人。从蔬菜的生长时间来看，其实我们所花费的时间很少。

致那些想要多花一些时间的读者

根据我的经验，即使有时间也不用过多照顾蔬菜。如果做了不必要的事情，可能会让蔬菜自身的生长力减半。用有限的时间管理蔬菜，不仅可以明确优先顺序，提高作业效率，还可以提高蔬菜的产量。

每周花一日（八小时）去种菜，就像我们为了健康而走路或爬山一样，在菜园里挥汗如雨，收获美味新鲜的蔬菜，可谓是一石二鸟。

利用宝贵的休息日有些浪费，因此，时间不太充裕的读者，可以每日抽出一小时种植蔬菜，而且蔬菜可能更喜欢这种方式。蔬菜和人是一样的，每日利用有限的时间去照顾，被照顾的一方会很高兴。

第十八课

最重要的是让蔬菜自己打造培育『生命』的环境

在此，我想说的是，比起培育蔬菜，我认为最重要的是创造有利于蔬菜生长的"生命"环境。另外，种植蔬菜最大的意义在于和"生命"的对话。对"生命"而言，比起方法，"动手去做"更为重要。而对于初学者来说，"动手去做"跟是否专业没有关系。

> **问** 蔬菜种植用堆肥可以吗？
> （经常会有这样的提问）
>
> **答** 如果你是蔬菜，你愿意身边有堆肥吗？

堆肥的"味道"和"触感"其实是很重要的。人类和蔬菜都是生物，对好坏的感知都差不多。另外，价格也很重要，不要使用特别便宜的堆肥——便宜没好货。

做好浇水和施肥工作是不是就能培育出好的蔬菜了？

 想要得到蔬菜，还是要注意时机。

人也是一样：如果不渴就不想喝水；肚子不饿，眼前再好的食物也激不起食欲。我们渴的时候喝水，就能感觉水浸透了我们的身体；我们空腹吃东西，营养吸收的效果会更好。

具体做法就是，要等到表土完全变干后充分浇水。不论是花盆还是菜园，都一样。育苗时浇水也遵循同样的逻辑。在庭院和田地里种植蔬菜时，可以用食指插入植株基部的土中，如果感到指尖湿润，就没有必要浇水。另外，要按照肥料说明书来施肥，过量施肥会起反作用。

要等到植物表土干燥再浇水，主要是为了让植物根系更强壮。因为缺水，植物根系就会向下努力生长寻找水源，从而变得细根多、扎根深、根系发达强壮。根系强壮也能牢牢固定植株抗倒伏。

第十九课

发生病虫害时，要赶紧种植下一种作物

> **问** 黄瓜发生了白粉病，要怎么办才好？
>
> **答** 这个病无法治好，要将感染白粉病的叶子清理掉，然后继续让植株生长直至收获。等到黄瓜都采收完，就将整株拔除。

即使是专家，也难以根治蔬菜的病虫害；即使喷药，也很难立竿见影。蔬菜能够坚持到何时，就要看自身的生命力了。如果发生病虫害，可以择时拔除植株，接着种植下一种蔬菜。

这里比较重要的是，必须找到病虫害发生的原因，之后就要营造不会发生病虫害的环境。不过，不管什么蔬菜，最后不是发生病虫害就是枯萎，这里说的主要是幼小的植株发生病虫害的情况。

预防病虫害的**要点**

要点 1

种植前要考虑日照条件。至少每日保障四五个小时的日照时间。

要点 2

进行间苗、连续采收等，改善通风状况。同时，蔬菜受到刺激会提高免疫力。

要点 3

要按照定植或播种的指定时间进行。

要点 4

不仅要浇水，更重要的是要等土壤变干后浇水。土壤变干后，新鲜空气就会通过土壤之间的空隙进入，根系需要新鲜的空气。

要点 5

适当使用肥料商店中的肥料。

要点 6

用树皮堆肥覆盖土壤表面，土壤表面就不会快速变干，蔬菜的压力也会减轻一些。

要点 7

留一些杂草。

要点 8

种植多种多样的蔬菜，这样可以规避风险（这种蔬菜发生病虫害，那种蔬菜安然无恙）。

第二十课
至
第二十七课

第四章

城市中自给
自足的魅力

第二十课

城市中自给自足好处多

　　说起自给自足，你是不是想到搬到乡下古老民宅生活的感觉？和都市相比，乡下空气新鲜、水源干净、物价低廉。但是，我认为在城市或城市附近的新城镇开始自给自足，实际上是一条门槛较低的起跑线。这样的话，你可以开始尝试自给自足而不必辞掉工作，也不必改变你的生活。也就是说，你可以将其视为尝试期。如果认为这样还不够，自给自足之后，你再搬到乡下也为时不晚。

　　也有人问过我"田地要怎么租用？"，很多人说从自己住的地方开车三十分钟，就能看到广阔的田地。其实有许多人都想将田地租借给别人管理。如果自治农园和民间经营的租借农园没有空闲，那么你也不要放弃，还有许多休耕的田地可以用于租借。你可以不断询问周围的人，看哪里有租借田地的地方，直到你在某个地方租借到为止。

优势 1

都市的田地不会受到野猪危害

野猪对田地的危害十分严重，即使是专业的农户，遇到野猪也只有抱头痛哭的份儿。考虑到电网和电栅栏铺设的时间和成本，还是选择没有野猪的地方比较好。

优势 2

工作和自给自足可以兼顾

和乡下相比，城市中工作和招聘机会都很多，可以一边从事自己适合的工作，一边开始自给自足的生活。在城市，孩子的学校和培训机构也相对多一些。

优势 3

雪害少

如果要过自给自足的生活，找冬季也能生长叶菜的地方比较好。我所住的奈良市也有冬季早晨在零摄氏度以下的时候，不过不会积雪。在白菜和生菜外铺设防寒纱，就可以让叶菜免遭冻害，从而实现全年采收。

优势 4

可以享受都市的便利

城市或新城镇有大型医院和购物中心等，有很多设施可以补充自给自足过程中不足的部分。另外，我没有私家车。附近有汽车租赁服务，所以我可以根据使用目的来选择租用什么车。我家停车棚也变成了菜园。停车的地方多为日照好的地方，其实作为菜园是一等一的好地方。

第二十一课 城市中单户庭院的菜园设计

北侧庭院

我家住在奈良市。乘快速电车到大阪和京都的市中心也就一个小时，到最近的车站徒步只要七分钟。我家占地面积约220平方米，是新城镇常见的住宅庭院。我一般是这样使用东西南北区域的。

很多人都把北侧庭院用来放置物品或垃圾，那样太可惜了。北侧庭院阴凉，湿气重，不适合种植蔬菜。但是，纵观自然界，有些植物更喜欢阴凉处。我家北侧庭院宽2米，种植了许多植物。下面介绍一下。

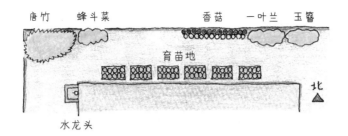

唐竹　　蜂斗菜　　　　　　香菇　一叶兰　玉簪

育苗地

北
▲

水龙头

香菇

北侧庭院种植的主要是香菇，被称为菌菇园。原木香菇常种植在林中潮湿阴暗的地方。住宅的庭院即使是北侧，对香菇而言也过于明亮了，所以在夏季要挂上苇帘，并浇水保持潮湿。种植香菇用的原木种菌可以在购物中心或网上购买。

一叶兰

一叶兰是喜阴植物。日式便当中绿色塑料的部分，就是以一叶兰为原型的。一叶兰有抗菌作用。将超市卖的油炸豆腐寿司放在一叶兰上，就好像寿司店做的一样。

蜂斗菜

蜂斗菜是喜阴植物的代表。在早春可以采摘蜂斗菜苗，当然也可以采收蜂斗菜，其香气浓烈。

玉簪

玉簪是绿化植物，不过新芽可以作为野菜煎炸食用，但不要吃太多。

唐竹

北侧庭院适合种竹。唐竹属于细竹，可以当成夏季蔬菜的支架使用。为了让竹的地下茎不扩张，埋在瓦垄板的地中较好。

育苗地

很多人不知道育苗地。播种后到发芽过程中，不需要阳光直射，只要在发芽前保持土壤湿度即可。北侧庭院的环境十分适合做育苗地。发芽后，再将其移动到有阳光照射的地方。

定植苗的临时放置场所

买入的苗有时需要临时放置两三天，放置在北侧的庭院中，可以减轻苗木受到的伤害。

庭院菜园

　　面向道路的东侧庭院，是我家的主菜园。第八课中介绍的设置了木框的菜园就是这个菜园。这里，每天有半天的阳光照射，可以种植夏季蔬菜或冬季蔬菜。我参加的日本 NHK 综合频道介绍的菜园就是这个东侧菜园。因为可以沐浴朝阳，不要说夏季，就是冬季早晨的气温也容易上升，蔬菜一早就能接受阳光的照射，所以蔬菜的长势良好。像西葫芦这样需要昆虫授粉才能结果的蔬菜，如果开花时温度过低，昆虫就不会活动。一般而言，授粉需要在上午十点前进行，不然就不会结果。所以东侧庭院比西侧庭院更适合蔬菜生长和昆虫活动。

　　我家的主菜园，不仅有种植地，还有存储蔬菜的地方。每次只采收需要的分量，就不需要放入冰箱。特别是细葱、芹菜、叶生菜会在东侧菜园里常年种植，所以什么时候都能采摘。

　　下面分季节介绍。

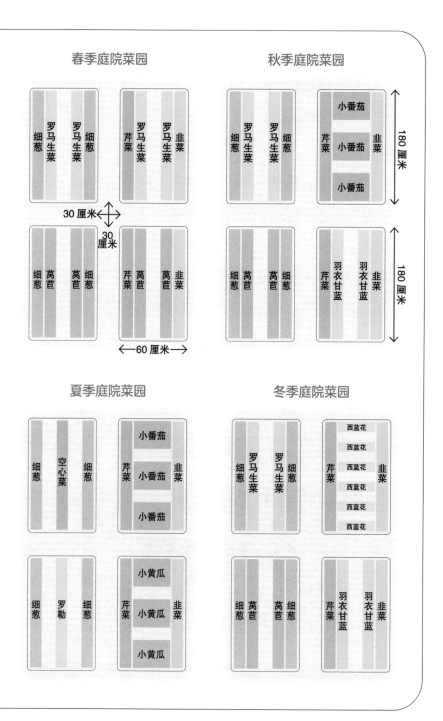

春季庭院菜园

细葱 | 罗马生菜 | 罗马生菜 | 细葱
芹菜 | 罗马生菜 | 罗马生菜 | 韭菜

30 厘米

30 厘米

细葱 | 莴苣 | 莴苣 | 细葱
芹菜 | 莴苣 | 莴苣 | 韭菜

←60 厘米→

秋季庭院菜园

细葱 | 罗马生菜 | 罗马生菜 | 细葱
芹菜 | 小番茄 / 小番茄 / 小番茄 | 韭菜

180 厘米

细葱 | 莴苣 | 莴苣 | 细葱
芹菜 | 羽衣甘蓝 | 羽衣甘蓝 | 韭菜

180 厘米

夏季庭院菜园

细葱 | 空心菜 | 细葱
芹菜 | 小番茄 / 小番茄 / 小番茄 | 韭菜

细葱 | 罗勒 | 细葱
芹菜 | 小黄瓜 / 小黄瓜 / 小黄瓜 | 韭菜

冬季庭院菜园

细葱 | 罗马生菜 | 罗马生菜 | 细葱
芹菜 | 西蓝花 / 西蓝花 / 西蓝花 / 西蓝花 / 西蓝花 / 西蓝花 | 韭菜

细葱 | 莴苣 | 莴苣 | 细葱
芹菜 | 羽衣甘蓝 | 羽衣甘蓝 | 韭菜

南侧庭院

　　有许多人都会将南侧庭院作为主菜园，但我家南侧庭院没有菜园。葱种植在东侧菜园，不去田地也能采摘，已经足够了。南侧庭院主要种植落叶树。我家很少使用空调，而是打造绿荫让凉风吹进室内。另外，为了遮阴，连廊的藤架用葡萄藤覆盖。

南侧庭院作为主菜园的案例

西侧 庭院

　　我家有柴火炉，所以在屋檐下有专门放置木柴的地方。这里就成了洋葱和大蒜的储存地。洋葱和大蒜只要不淋雨，即使被西晒也不会腐烂。当然不被日晒更好，所以吊挂在木柴所在的阴凉处为宜。虽然我家没有车，但是我推荐将洋葱和大蒜吊在车库的屋檐和车之间的空隙处。

利用空闲的车库

　　我之前住的房子有混凝土车库。这样的空间可以打造成第八课中介绍的带木框的菜园种植蔬菜。混凝土地面给人的感觉非常热。不过种菜需要浇水，这样就能有效控制温度的上升。我已经验证过了，这点不用担心。

第二十二课

如何在城市公寓打造菜园

如果住在公寓，要先仔细阅读公寓的管理规定，然后参考下面的内容。带有大面积阳台的公寓越来越多，比以前更容易进行园艺活动。不过，公寓的阳台也是晾衣服、被子的地方。想要在其中弄一块菜园，需要多花些工夫，而且要考虑到夏季阳台的高温、强风等。

选择颜色明亮的塑料花盆

颜色明亮的花盆能反射阳光。花盆受热后，土壤的温度会不断提升，这对植物的生长发育十分不利。另外，花盆底部和地面之间要有空隙，可以用砖或木头垫高，改善花盆底部通风状况。

覆盖厚厚的松树皮

阳台温度升高后，土壤会急剧变干。覆盖厚厚的松树皮（铺上树皮堆肥），可以起到缓和作用，非常有效。

将太阳能简易风扇应用于整个菜园

如果阳台处于持续高温无风状态，植物的生长压力会不断上升。只要少许风，植物的生长环境就会大为改善。即使是农业温室，周围也有大型鼓风机。即使很热，通风也将有助于缓解生长压力。

推荐立体菜园

推荐将花盆布置成立体的。如图所示，做成上下两层的架子，或是做成品字形花坛，能让阳光照到全部花盆。虽然会多花些精力，但这不仅节省了空间，还能种植很多蔬菜。设计棚架也是十分有趣的。

确定强风时的应对措施

在台风来袭时，该怎么办？最好提前想好。用大花盆环绕小盆，可能效果好一些。

用工具箱来储物

有了工具箱，就可以盛装剩余的肥料和土壤、作业工具等，让阳台干净整洁；也可以作为休息时的椅子使用，十分便利。购买结实的即可。

公寓的阳台属"地中海气候"

公寓的阳台高温干燥。推荐种植适合地中海气候的蔬菜，如小番茄、罗勒等。

第二十三课 给准备建房屋的人的建议

给在城市准备建房子的读者的建议。

建造平坦、可利用的屋顶

认为在城市很难打造菜园的读者，一定要尝试一下充分利用屋顶。即使在城市，房顶上的光照和通风条件都十分适合蔬菜生长。一般设计师很少会提议利用房顶，所以需要客户积极和设计师沟通才能实现。不过，我并不推荐在建筑物上直接堆放少量土壤的设计。虽然房屋建造公司都有独门诀窍，但是少量的土并不适合种植蔬菜，同时建筑物有载重、防水、防植物根生长等复杂要求，会加大设计难度。那如何是好？很简单，在房顶放置花盆打造菜园就可以了，只要让设计师设计爬上屋顶的防护栏即可。虽然摆放花盆和建筑物载重没有关系，不过最好还是跟设计师商量一下。

屋顶菜园有这些更好

❶ **水龙头。** ············ 可以设置简易的自动浇水装置，最好使用双龙头。

❷ **水管卷盘。** ············ 时尚的水管卷盘是屋顶庭院的亮点。

❸ **水池。** ············ 可以清洗采摘的蔬菜和工具。

❹ **电梯。** ············ 如果有直通屋顶的电梯，搬运土等就十分便利了。

❺ **可折叠的遮阳伞。** ··· 考虑到不用时要收纳，使用折叠式的最好。作业时，遮阳伞可用于午休遮阳。

在厨房入口附近做菜园

做意大利面时突然想用罗勒，做味噌汤时突然要用细葱，这在日常生活中常常遇到。每天都用到的蔬菜，每天都想要打理。

有高低差的地方，可以利用高低差

将不同高度的场地弄平坦，需要花不少钱，这对菜园而言不是最好的选择。有高低差的场地，地下渗透的水不容易停滞，而植物生长需要水，更喜欢活水。所以可以利用高低差来做菜园。像柠檬树这样的果树，在种植时，有高低差的斜地比平地更好。

第二十四课 在都市中用好垂直面的乐趣

在城市，很少有人能拥有一大片菜园。平坦的土地不足时，可以灵活利用垂直面。使用的材料是挂篮，我最推荐的是裂口篮（可以在全国的园艺店或购物中心买到）。这种商品不仅可供专业人员使用，也适合初学者使用。

悬挂式苗木定植和普通的一样，不过我还是建议用以下蔬菜定植方法。裂口篮最大的优势就是有像篮球那么大的空间，可以定植十几株蔬菜苗。悬挂在墙上通风会很好，也能确保日照，即使种植密集也没有太大问题。因为不在平地上，所以不会过于潮湿，蛞蝓和潮虫也很难寄生。唯一的缺点就是容易干旱。为了浇水省力，可以设置简易的自动灌水器。

推荐用这种方法种植叶生菜，它病虫害少、收获期长，还是十分美丽的装饰。接下来，我们一起来做叶生菜挂篮吧！

叶生菜的制作方法

1 裂口篮
2 花和蔬菜专用土
（不要使用便宜的）
3 盆底石
4 叶生菜种苗十株
5 水苔

顺序

① 整理好裂口篮。

撕下裂口篮的海绵胶封，将其粘贴在裂口（切口）内侧，海绵上面的部分分离。粘贴好后，如果不管表面剩余的胶，就会粘到植株，所以要用土糊上。

② 整理底部。

在盆底放入 3 厘米的盆底石，然后放入 3 厘米厚混有底肥的土壤。

③ 定植第一层。

在中央和两端的裂口，从上方插入苗木进行定植，在空隙之间填入土壤。

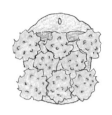

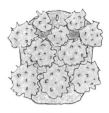

④ 定植第二层。

在没有使用到的裂口，插上苗木，在空隙之间填入土壤。

⑤ 定植第三层。

在中央和两端的裂口，从上方插入苗木进行定植，在空隙之间填入土壤。

⑥ 定植最上层。

定植最上层的苗木，在空隙间填入土壤，覆盖充分浸水的水苔，然后再充分浇水。

刚刚定植的叶生菜

定植三周后的叶生菜

从外侧开始采收叶生菜

管理

- 悬挂在日照、通风都良好的地方。
- 每天浇水。灵活使用自动灌水器，可以从网上购买。
- 每周施用一次液肥。
- 当植株拥挤时，从外叶开始采收，这样也可以改善通风状况。

自动灌水器

半自动款　　自动款

使用电池款自动灌水器，不仅日常浇水方便，旅行外出期间也能实现自动浇水。推荐带灌水软管的成套商品，可以在大型商店或是网店购买。也可使用在转一圈表盘的时间内浇水的半自动灌水器。

第二十五课

如何将家庭菜园
打造成美丽菜园

我认为，只有美丽的空间才能生长出美丽的植物。仅仅是让蔬菜生长的空间，不能成为滋养心灵的空间。所以同样是耕作，美丽菜园让人心旷神怡。那么，怎样才能让菜园变得更美呢？

要点 1　尽量使用自然材料做园艺材料

　　园艺材料尽可能选择天然材料，比如：可以用竹棍代替塑料材料的支架；可以用麻绳代替白色塑料绳。这样，使用天然材料就会让菜园的景色更柔和。与塑料材料不同，天然材料充当菜园的配角，可以让蔬菜和其他植物脱颖而出。

　　"开始种植时可能有些显眼，但是等植物长大了，材料就不那么引人注目了，不是吗？"很多人会这样认为，其实不然。大家所憧憬的欧美风优美的庭院，使用的也是天然材料。

要点 2　在菜园中加入直线元素

　　在菜园中加入直线元素，也不要使用人工材料。比如，在菜园后方设置木制的格子围栏，将菜园围起。蔬菜生长于自然中，给人的视觉感受是曲线而非直线。所以在菜园中加入直线元素，会使菜园更美。

使用树木和麻绳等天然材料，让菜园更美观。

第二十六课 缓和都市孤独的绿色花园

近年来，夏季防暑成为城市居民棘手的问题。下面介绍一种既能避暑又可耕作的做法。

使用的蔬菜是小苦瓜和小黄瓜。推荐原因是它们耐热性强、抗病虫害。在黄金周用菜园专用花盆定植苗木后，梅雨过后就能收获一个绿色花园，然后享受每天采摘的乐趣。如果找不到这些品种，可以选择自己喜欢的苦瓜和黄瓜，混合种植也没有关系。

黄瓜容易得白粉病，相比之下，小黄瓜不易得白粉病。不过，要及时将患有白粉病的叶子清除干净。当白粉病蔓延至全株时，将黄瓜植株拔除，只留苦瓜。苦瓜可以坚持到 9 月热浪结束，可以一直当花园。结籽会让植株变弱，所以除了食用部分，还要摘除小个果实。

绿色花园的植物种植**要点**

要点
1

花盆设置方法和种植数量

　　准备长五六十厘米的菜园专用花盆，用一个花盆专门种植一株苦瓜（小苦瓜）和一株小黄瓜。将花盆稍微斜着摆放，可以放置更多花盆，让绿色花园更为茂密。

图片是我种植黄瓜和苦瓜的花园
（5月7日）小苦瓜、小黄瓜种植完成

花盆摆放方法和种植数量

←网
←黄瓜
←苦瓜

（6月19日）梅雨期
间茁壮成长

（7月10日）梅雨过
后，绿色花园完成

（7月25日）一边抵抗酷暑，
一边享受收获的快乐

小苦瓜
（迷你苦瓜）

小黄瓜（迷你黄瓜）的果实
和花

要点 2　摘心作业

　　当藤蔓长到1米时，要剪掉顶端，这个
作业叫作摘心。摘心可以促进植株分枝，让
植物更茂盛。

修剪掉后可
以促进分枝

第一回修剪

第二回修剪

修剪4~5次

110

挂网

如果用麻绳结网，可以在最后整理的时候，将其与枯萎的藤蔓植物一起扔掉。想要挂得紧密时，要使用化纤网。在强风天气下，可以将网上部摘掉，这样的安全系数比较高。也有像图片中这样使用磁铁钩挂网。

将向上或横向攀爬的藤蔓分开，引导其覆盖整网

开始分枝后，就会变得茂密

用磁铁钩挂网

要点
4

引导作业和追肥

为了让植物优雅地覆盖全网，有时需要引导植物攀爬。两三周追一次肥。

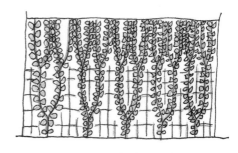

⬇ 如果不摘心

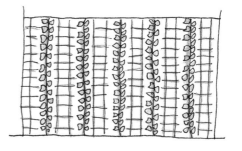

第二十七课

自给自足的蔬菜保存方法

为了自给自足，要让采摘的蔬菜不腐烂，长期保存。另外，不采摘，也可以让果实继续长在地里，也是一种保存方法。城市不像农村，没有储存蔬菜的仓库等。下面介绍位于新城镇的我家的蔬菜保存方法。

这里分别介绍"不采收，保存在地里的蔬菜"和"采收后，长期保存的蔬菜"。

不采收，保存在地里的蔬菜

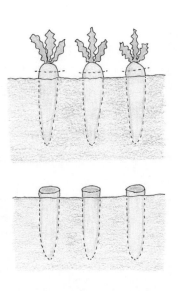

【白萝卜】

白萝卜只采收要吃的量。春季抽苗（花芽萌发）时，不要采收白萝卜，用刀将萝卜叶和其下约5厘米切掉。这样，可以稍晚一些抽苗（约两周）。农民一般不会这样做，因为这样的白萝卜就不好卖了。这个方法只适用于自给自足。

【胡萝卜】

胡萝卜只采收要吃的量。胡萝卜冬季也会生长，为了让地上部分保持绿色，要培土。在天气回暖前，将胡萝卜带土挖出，不要让其变干，用报纸逐个包好，放入纸袋中，竖着存放在蔬菜间里，在一定程度上能长期保存。

【叶菜】

小松菜和菠菜只采收要吃的量。冬季，霜降会伤害叶子，所以要挂上防寒纱。

夹子

砖块

一端的截面图

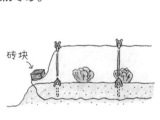

白萝卜干的做法

将白萝卜削皮

将白萝卜切成厚 5 毫米的切片

再切成不超过 5 毫米厚的细条

放在筛子里晾晒两周，等完全变干后放入袋中保存

白萝卜和胡萝卜等，也可以保存干的。将干燥的蔬菜切成薄片。我家有壁炉，在壁炉前并排摆放。蔬菜如果不迅速晾干，可能会生霉菌，有了壁炉就能有效解决问题了。有了壁炉，香菇即使不切薄，也没有关系，也可以变干。不过很少有家庭有壁炉。所以尽可能将蔬菜切成小块，在晴天铺开晾干较好。

采收后，长期保存的蔬菜

【土豆】

① 因为要重叠垒放，所以准备同样尺寸的纸箱子。

② 土豆必须在晴天采收，不用水洗，在太阳下晾晒半日即可。在晴天采收非常关键。以前，因为工作繁忙，无法确保采收时间。有一次虽然当天是晴天，但是前一天下了雨，土壤还没干透，还是采收了。为了以防万一，我还开了壁炉，在报纸上排开晾晒了两日，然后放入纸箱保存。但是，不到10天，土豆就开始腐烂，结果有一半都不能食用。

③ 木箱底部要放一份折叠好的报纸。如果有土豆腐烂，报纸可以吸收腐烂的汁液。

④ 在报纸上并排摆放干燥的土豆。不要在其上再放土豆了。

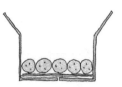

⑤ 放完一层土豆后，再在其上铺一份报纸。

⑥ 在报纸上再放一层土豆。有报纸做铺垫，土豆表面就不会受伤。刚刚收获的土豆外皮柔软，要特别注意。

⑦ 重复上面一步，在最上层的土豆上铺一层报纸遮光，然后盖上箱盖。

⑧ 土豆可以放在室内任何地方，不过床下潮湿，容易让土豆腐烂，最好不要放在那里。

【甘薯】

① 因为要重叠垒放，所以准备同样尺寸的纸箱子。

② 甘薯必须在霜降前的晴天采收，不用水洗，晾晒半日等其表面完全变干即可。

③ 在纸箱底铺一层折叠的报纸。

④ 甘薯不耐寒，容易变干，要用报纸一个个包好。

⑤ 在报纸上放入包好的甘薯，堆放就行。

⑥ 装满后盖上箱盖。

⑦ 甘薯要放在暖和的地方，不然容易腐烂，例如厨房的顶棚。做饭和冰箱排热都会让顶棚温暖一些。

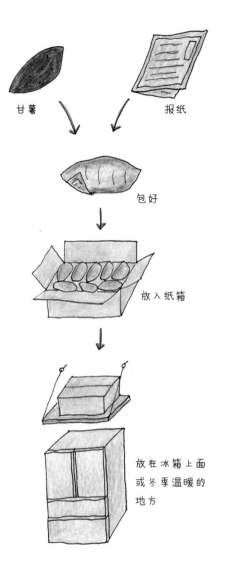

甘薯　报纸

包好

放入纸箱

放在冰箱上面或冬季温暖的地方

【南瓜】

南瓜随意摆放都是一幅画，所以我将其放在玄关处做装饰。选择储存性好的品种，到了第二年开春也不会腐烂。和甘薯一样，南瓜要放在暖和的地方保存，但不用报纸包就可以放入纸箱。

作者推荐的

30种蔬菜的培育方法

对蔬菜种植初学者而言，即使是被认为种植难度高的品种，只要记住窍门，也可以做到得心应手。下面介绍长期以来我总结的简单的种植方法。

01

叶菜类

圆白菜

Cabbage

1 春苗在 3 月中下旬购入，秋苗在 9 月中下旬购入。
推荐购买早熟品种或极早熟品种。

2 在菜园中使用树皮堆肥（1 平方米 20 升）。

苗　　　　肥料　　　　苗

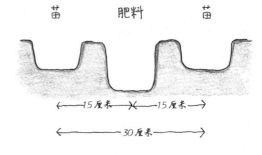

|←—15 厘米—→|←—15 厘米—→|

|←————30 厘米————→|

3 定植穴间隔 30 厘米，
定植穴直径为 10 厘米，
深 5~6 厘米，定植穴
之间挖直径为 10 厘米、
深 10 厘米的肥料穴。

4 在定植穴中灌水，然后
定植。在肥料穴中撒两
把粉状发酵油渣和树皮
堆肥同比例的混合物。

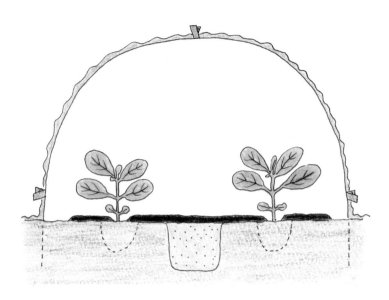

5 在土壤表面铺上厚 3 厘米的树皮堆肥。之后充分浇水，铺设防虫网。

6 定植后 2~3 周，在每株周围呈玫瑰花状撒一把粉状发酵油渣，在其上铺厚 3 厘米的树皮堆肥。之后每三周重复一次。土壤表面变干后浇水。用手按压结球，如果觉得硬，就可以收获了。

02

Broccoli

叶菜类

西蓝花

1 春苗 3 月中下旬购买，秋苗在 9 月中下旬购入。推荐购买早熟品种或顶花蕾采收后侧花蕾多的品种。

2 在菜园中使用树皮堆肥（1 平方米 20 升）。

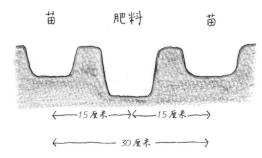

苗　　　肥料　　　苗

←─15 厘米─→ ←─15 厘米─→

←────30 厘米────→

3 定植穴间隔 30 厘米，定植穴直径为 10 厘米，深 5~6 厘米，定植穴之间挖直径为 10 厘米、深 10 厘米的肥料穴。

4 在定植穴中灌水，然后定植。在肥料穴中撒两把粉状发酵油渣和树皮堆肥同比例的混合物。

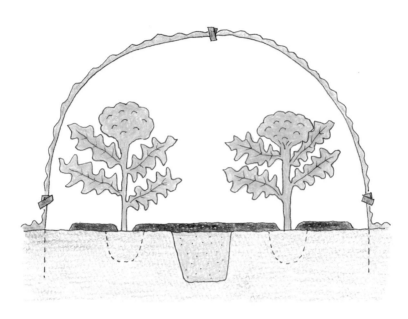

5 在土壤表面铺上厚 3 厘米的树皮堆
肥。之后充分浇水，铺设防虫网。

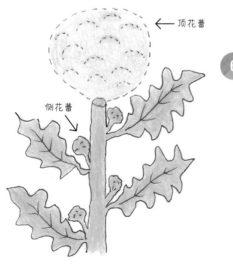

→ 顶花蕾

侧花蕾

6 定植后 2～3 周，在每株周
围呈玫瑰花状撒一把粉状
发酵油渣，在其上铺厚 3
厘米的树皮堆肥。之后每
三周重复一次。土壤表面
变干后浇水。花蕾采收后
继续施肥，可以持续采收
侧花蕾。

03

叶菜类

Chinese cabbage

白菜

1 春苗在 3 月中下旬购入，秋苗在 9 月中下旬购入。推荐购买早熟品种或极早熟品种。

2 在菜园中使用树皮堆肥（1 平方米 20 升）。

3 定植穴间隔 30 厘米，定植穴直径为 10 厘米，深 5~6 厘米，定植穴之间挖直径为 10 厘米、深 10 厘米的肥料穴。

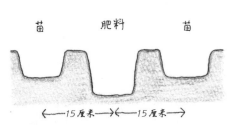

苗　　　肥料　　　苗

←—15厘米—→←—15厘米—→

4 在定植穴中灌水，然后定植。在肥料穴中撒两把粉状发酵油渣和树皮堆肥同比例的混合物。

5 在土壤表面铺上厚 3 厘米
  的树皮堆肥。之后充分浇
  水，铺设防虫网。

6 定植后 2~3 周，在每株周
  围呈玫瑰花状撒一把粉状
  发酵油渣，在其上铺厚 3
  厘米的树皮堆肥。之后每
  三周重复一次。土壤表面
  变干后浇水。用手按压结
  球，如果觉得硬，就可以
  收获了。

7 将白菜外叶绑住，可以
  防寒。

叶菜类

Qing geng cai

青梗菜

1　春播在 4 月中旬到 5 月下旬，秋播在 9 月中下旬。

2　在菜园中使用树皮堆肥（1 平方米 20 升）。

3　在垄上做深 1 厘米的沟（沟间隔 15 厘米）。用木头一角做沟。

4　将种子间隔 1 厘米撒在沟底。

5　轻轻覆盖土，然后轻轻浇水，不要冲跑土和种子。发芽前注意不要让土壤变干。

1 厘米

6　播种后架设防虫网。

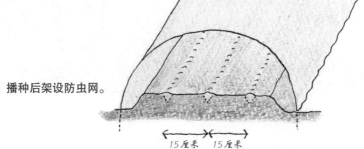

15 厘米　*15 厘米*

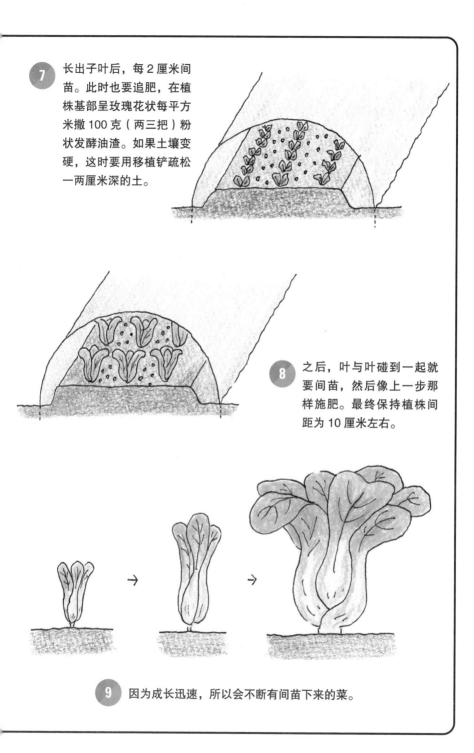

7 长出子叶后，每 2 厘米间苗。此时也要追肥，在植株基部呈玫瑰花状每平方米撒 100 克（两三把）粉状发酵油渣。如果土壤变硬，这时要用移植铲疏松一两厘米深的土。

8 之后，叶与叶碰到一起就要间苗，然后像上一步那样施肥。最终保持植株间距为 10 厘米左右。

9 因为成长迅速，所以会不断有间苗下来的菜。

05

叶菜类

小松菜

Japanese mustard spinach

1　春播在 3 月中下旬，秋播在 9 月中下旬。在购买前，要确认好是春播品种还是秋播品种。

2　在菜园中使用树皮堆肥，充分搅拌混合（1 平方米 20 升）。

3　在垄上做深 1 厘米的沟（沟间隔 15 厘米）。用木头一角做沟。

4　将种子间隔 1 厘米撒在沟底。

1 厘米

5　轻轻覆盖土，然后轻轻浇水，不要冲跑土和种子。发芽前注意不要让土壤变干。

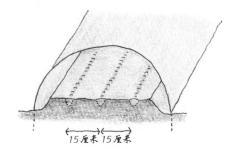

15 厘米　15 厘米

6　播种后架设防虫网。

126

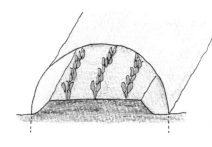 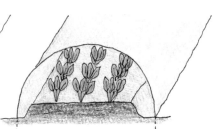

7 长出子叶后，每2厘米间苗。此时也要追肥，在植株基部呈玫瑰花状每平方米撒100克（两三把）粉状发酵油渣。如果土壤表层变硬，就要用移植铲疏松一两厘米深的土。

8 之后，叶与叶碰到一起就要间苗，然后像上一步那样施肥。最终保持植株间距为5~6厘米。

← 5~6厘米 →

06

叶菜类

Garland chrysanthemum

春菊

1 春播在 3 月中下旬，秋播在 9 月中下旬。

2 在菜园中使用树皮堆肥（1 平方米 20 升）。

3 在垄上做深 1 厘米的沟（沟间隔 15 厘米）。用木头一角做沟。

4 将种子间隔 1 厘米撒在沟底。

5 轻轻覆盖土，然后轻轻浇水，不要冲跑土和种子。

1 厘米

6 发芽前注意不要让土壤变干。

←15厘米→←15厘米→

7 长出子叶后，每2厘米间苗。此时也要追肥，在植株基部呈玫瑰花状每平方米撒100克（两三把）粉状发酵油渣。如果土壤表层变硬，就要用移植铲疏松一两厘米深的土。

8 之后，叶与叶碰到一起就要间苗，然后像上一步那样施肥。最终保持植株间距为10厘米左右。

9 茎长到20厘米高，保留下部3~4片叶子，将其上部采收。此后，当茎再长到20厘米高时，保留下部3~4片叶子，将其上部采收。不断重复，就可以不断采收。每三周按第七步追肥一次。

07

叶菜类

Parsley

芹菜

① 春苗在3月中旬到5月下旬购入，秋苗在9月中旬到10月下旬购入。因为耐热性和耐寒性强，推荐用于家庭菜园。

② 在菜园中使用树皮堆肥（1平方米20升）。

5~6厘米

15厘米

③ 植株间隔15厘米，定植穴直径为10厘米，深5~6厘米。

④ 在定植穴中灌水，然后定植。在土壤表面覆盖3厘米厚的树皮堆肥，之后充分浇水。

5 定植后 2~3 周，在每株周围呈玫瑰花状撒一把粉状发酵油渣，在其上铺 3 厘米厚的树皮堆肥。之后每三周重复一次。土壤表面变干后浇水。

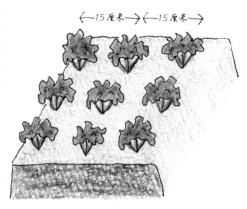

←—15厘米—→←—15厘米—→

6 从外叶开始采收，收获期十分长。

08

叶菜类

Leaf lettuce

叶生菜

1 春苗在 3 月中旬到 5 月下旬购入，秋苗在 9 月中旬到 10 月下旬购入。因为耐热性和耐寒性强，推荐用于家庭菜园。

2 在菜园中使用树皮堆肥（1 平方米 20 升）。

5~6 厘米

15 厘米

3 植株间隔 15 厘米，定植穴直径为 10 厘米，深 5~6 厘米。

4 在定植穴中灌水，然后定植。在土壤表面覆盖 3 厘米厚的树皮堆肥，之后充分浇水。

←15厘米→←15厘米→

5 定植后 2~3 周，在每株
周围呈玫瑰花状撒一把
粉状发酵油渣，在其上
铺 3 厘米厚的树皮堆肥。
之后每三周重复一次。
土壤表面变干后浇水。

6 叶子碰到一起后，从外叶开始采收。收获期十分长。

09

叶菜类

Chinese chive

韭菜

① 3月中旬到7月中旬购买幼苗。

② 在菜园中使用树皮堆肥（1平方米40升）。

←10厘米→ ←10厘米→

③ 一个定植穴放4~5棵苗，定植穴间隔10厘米。之后，充分浇水。

④ 3月到9月末每月追肥一次。在植株基部呈玫瑰花状每平方米撒100克（两三把）粉状发酵油渣。土壤表面变干后，用移植铲松土，然后浇水。

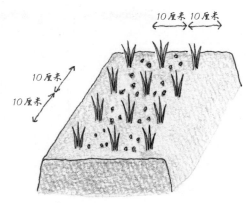

10厘米 10厘米

10厘米

10厘米

5 夏季会长出花芽，必须摘除，不然植株会变弱。

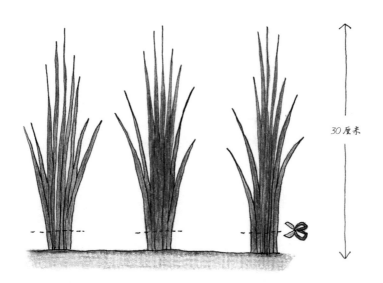

30厘米

6 当植株长到 30 厘米高时，从根部 3~4 厘米处割掉。不过，为了让第一年的植株充分生长，尽可能让叶子更茂盛，植株更大，尽可能不采收。虽然韭菜可以采收数年，不过每两年要将其挖出来分株，重新种植。

Leek

叶菜类

葱

（九条葱等）

1 9 月中旬到 10 月下旬购苗。

2 在菜园中使用树皮堆肥（1 平方米 40 升）。

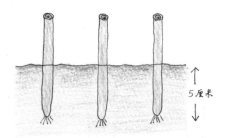

5 厘米

←—5 厘米—→←—5 厘米—→

3 间隔 5 厘米挖 5 厘米深的定植穴，一个定植穴种一棵苗。之后充分浇水。

4 9 月到 12 月末每三周追肥一次。呈玫瑰花状每平方米撒 200 克（五六把）粉状发酵油渣。土壤表面变干后，用移植铲松土，然后浇水。

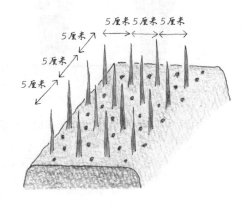

5 厘米 5 厘米 5 厘米
5 厘米
5 厘米
5 厘米

5厘米

5 每次追肥后覆盖5厘米厚的土，这样葱白的部分就会增多。不过如果覆盖的土超过5厘米厚，可能会导致大葱腐烂，要特别注意。

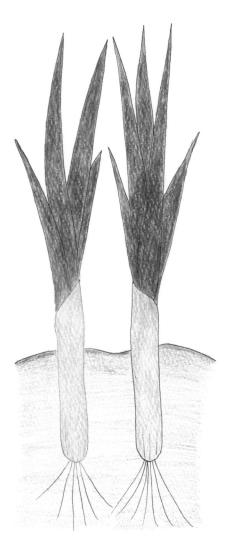

6 等葱长大后，挖出采收。霜降后采收的葱更加美味。

11

Indian spinach

叶菜类

落葵

① 5 月中旬后购买种苗。

② 在菜园中使用树皮堆肥（1 平方米 20 升）。

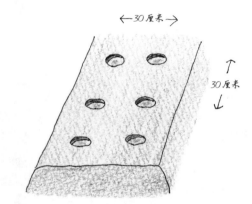

←—30厘米—→

30厘米

③ 植株间隔 30 厘米，挖直径为 10 厘米、深 5~6 厘米的定植穴，往其中灌水。

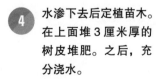

④ 水渗下去后定植苗木。在上面堆 3 厘米厚的树皮堆肥。之后，充分浇水。

5 搭个竹支架。

6 每两三周在植株基部呈玫瑰花状每平方米撒 100 克（两三把）粉状发酵油渣。之后，在土壤表层铺 3 厘米厚的树皮堆肥。

7 用竹支架引导主要藤蔓生长。用绳将藤蔓绑在支架上固定，这样藤蔓就不会倒下。

8 留 2~3 个腋芽采收，采收后继续进行第六步。

12

叶菜类

空心菜

Chinese spinach

1 5 月中旬后购买种苗。

2 在菜园中使用树皮堆肥（1 平方米 20 升）。

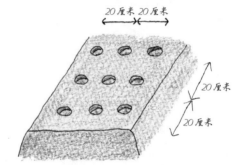

20 厘米 20 厘米
20 厘米
20 厘米

3 植株间隔 20 厘米，挖直径为 10 厘米、深 5~6 厘米的定植穴。

4 往定植穴里灌水，水渗下去后定植苗木。在土壤表层铺 3 厘米厚的树皮堆肥。之后，充分浇水。

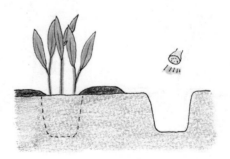

5 每 2~3 周在植株基部呈玫瑰花状每平方米撒 100 克（两三把）粉状发酵油渣。之后，再铺 3 厘米厚的树皮堆肥。

6 主茎高 20 厘米，在 10 厘米处收割。采收后继续进行第五步。

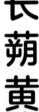

13

Jew's mallow

叶菜类

长蒴黄麻

① 5月中旬后购买种苗。

② 在菜园中使用树皮堆肥（1平方米20升）。

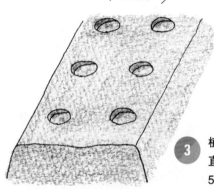

← 30厘米 →

↑
30厘米
↓

③ 植株间隔30厘米，挖直径为10厘米、深5~6厘米的定植穴，往定植穴里灌水。

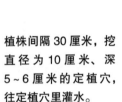

④ 水渗下去后定植苗木。在土壤表面堆3厘米厚的树皮堆肥。之后，充分浇水。

⑤ 每2~3周在植株基部呈玫瑰花状每平方米撒100克（两三把）粉状发酵油渣。之后，在土壤表面铺3厘米厚的树皮堆肥。

142

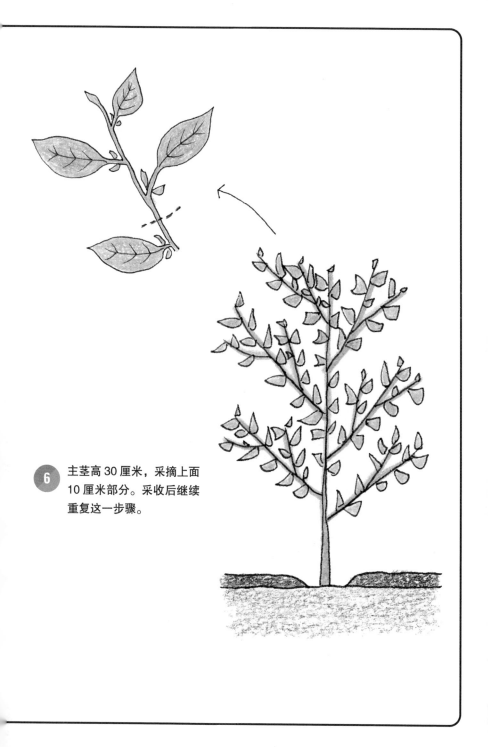

6 主茎高 30 厘米，采摘上面
10 厘米部分。采收后继续
重复这一步骤。

14

叶菜类

罗

勒

Basil

1 5月上旬后购买种苗。经过 10℃ 以下的低温，更容易萌发花芽。

2 在菜园中使用树皮堆肥（1 平方米 10 升）。

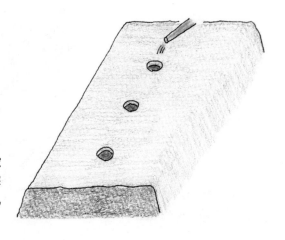

3 植株间隔 20 厘米，挖直径为 10 厘米、深 5~6 厘米的定植穴，往定植穴里灌水。

4 水渗下去后定植苗木。在土壤表面堆 3 厘米厚的树皮堆肥。之后，充分浇水。

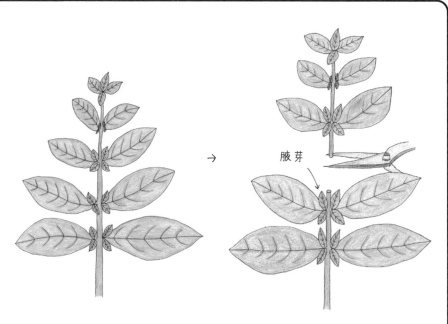

腋芽

→

5 定植 2~3 周后，留下腋芽采收。如图所示修剪，腋芽的长势很好。

↓

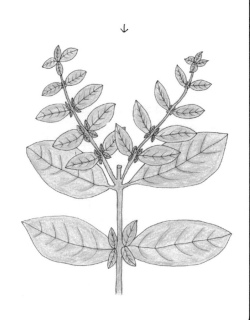

6 在每株周围呈玫瑰花状撒一把粉状发酵油渣。之后，每三周堆一次 3 厘米厚的树皮堆肥。土壤表层变干后就浇水。留下腋芽，就可以不停收获。

15

Mint

叶菜类

薄荷

1 5 月中旬后购买种苗。

2 直接定植在菜园中，薄荷会十分繁茂。定植在赤陶花盆中，就可以将花盆直接搬到菜园一角。花盆选择 5～6 号盆为宜。根会从盆底孔伸出并杂草化，所以半年应改变一次花盆位置。

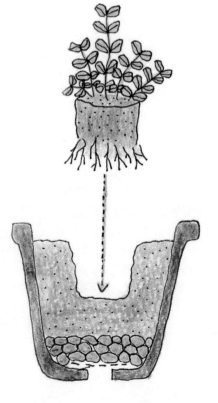

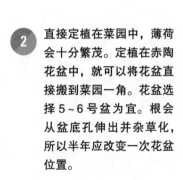

3 将薄荷花盆间隔 15 厘米种在菜园中。因为它繁殖能力强又耐干旱，所以这种方法培育较为适宜。

4 种植的薄荷可以用于制作薄荷酒、薄荷饮、薄荷蛋糕、冰激凌等。

藠头

1 9 月中旬到 11 月下旬购买球茎。带皮分成瓣状。

2 在菜园中使用树皮堆肥（1 平方米 40 升）。

3厘米

10厘米

3 植株间隔 10 厘米，挖 3 厘米深的定植穴。每个定植穴放一瓣，尖头朝上，盖土。之后，充分浇水。

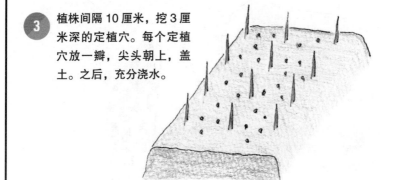

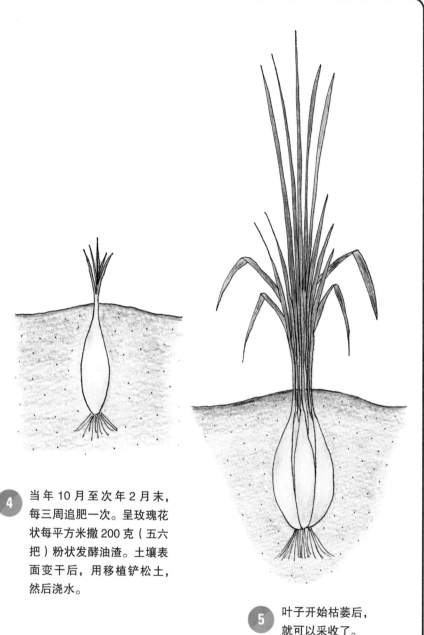

4 当年 10 月至次年 2 月末，每三周追肥一次。呈玫瑰花状每平方米撒 200 克（五六把）粉状发酵油渣。土壤表面变干后，用移植铲松土，然后浇水。

5 叶子开始枯萎后，就可以采收了。

大蒜

① 10 月到 11 月购买球茎。购买食用蒜，带皮分成瓣状。

② 在菜园中使用树皮堆肥（1 平方米 40 升）。

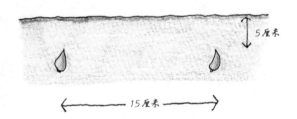

5厘米

15厘米

③ 植株间隔 15 厘米，挖 5~6 厘米深的定植穴。每个定植穴放一瓣蒜，尖头朝上，盖土。之后，充分浇水。

←15厘米→

④ 当年 12 月到次年 2 月末，每三周追肥一次。呈玫瑰花状每平方米撒 200 克（五六把）粉状发酵油渣。土壤表面变干后，用移植铲松土，然后浇水。

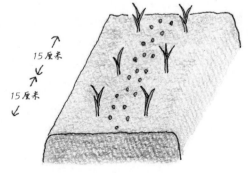

15厘米

15厘米

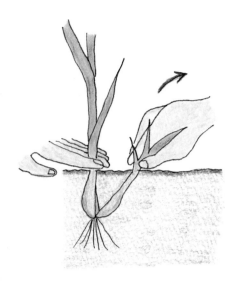

5 如果一瓣长出两个芽，去掉其中一个。

6 从叶的顶端会长出茎，可以作为蒜苗吃掉。留下蒜苗会妨碍球茎长大，所以一定要清除。

7 当叶子有三分之二枯萎后，就可以采收了。将4~5个蒜头绑在一起，放在不淋雨、通风良好的地方保存。

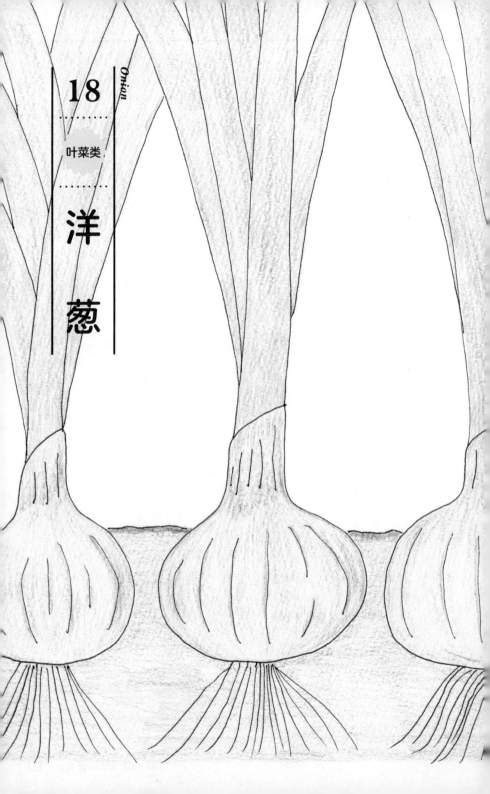

18

Onion

叶菜类

洋

葱

1 在 11 月到 12 月购苗。不要买比铅笔粗的苗。

2 在菜园中使用树皮堆肥（1平方米 40 升）。

3 植株间隔 15 厘米，挖 5~6 厘米深的定植穴。在其中插苗，将周围的土盖上并压实。之后，充分浇水。

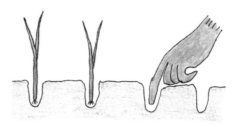

←—15厘米—→←—15厘米—→←15厘米→

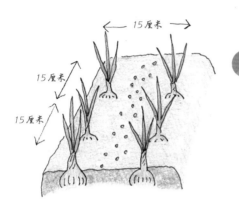

4 12 月到次年 2 月末，每三周追肥一次。3 月以后就不要再施肥了。呈玫瑰花状每平方米撒 200 克（五六把）粉状发酵油渣。土壤表面变干后，用移植铲松土，然后浇水。

5 叶子倒后就可以采收。将 4~5 个蒜头绑在一起，放在不淋雨、通风良好的地方保存。

每个品种的采收期
. . . .

超极早熟品种……4 月中上旬　　中熟品种…………5 月下旬

极早熟品种……4 月中下旬　　晚熟品种…………6 月中旬

早熟品种…………5 月中上旬

1 在 4 月下旬定植苗木。

2 在菜园中使用树皮堆肥（1 平方米 40 升）。

3 植株间隔 50 厘米，挖直径为 10 厘米、深 5 ~ 6 厘米的定植穴。在定植穴之间挖肥料穴，直径为 10 厘米、深 10 厘米。

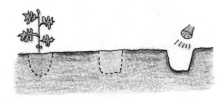

19
········

果菜类

········

小番茄

Cherry tomato

4 往定植穴中灌水，然后定植。在肥料穴中撒两把粉状发酵油渣和树皮堆肥同比例的混合物。

5 在土壤表面铺上 3 厘米厚的树皮堆肥。之后，架设临时支架，充分浇水。

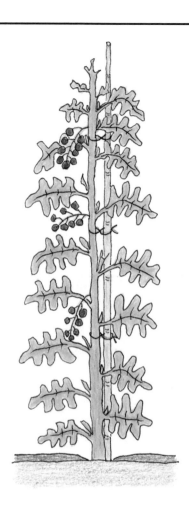

6 当长出腋芽后，用手摘除，只让植株留一个枝条（小番茄、中果番茄和大果番茄共通）。

7 苗木定植后 2~3 周，在每株周围呈玫瑰花状撒一把粉状发酵油渣。每三周铺一次 3 厘米厚的树皮堆肥。土壤表面变干后充分浇水。如果培育顺利，7 月到 10 月就可以采收。

8 如插图所示，在标记处用手折断，不需要使用剪刀就可以采收。

1 4月下旬定植苗木。黄瓜和小黄瓜保持相同的定植时间。

2 在菜园中使用树皮堆肥（1平方米40升）。

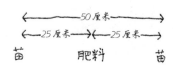

3 植株间隔50厘米，挖直径为10厘米、深5~6厘米的定植穴。在定植穴之间挖肥料穴，直径为10厘米、深10厘米。

4 往定植穴中灌水。等水渗下去后定植苗。在肥料穴中撒三把粉状发酵油渣和树皮堆肥同比例的混合物。

5 铺上3厘米厚的树皮堆肥，充分浇水。

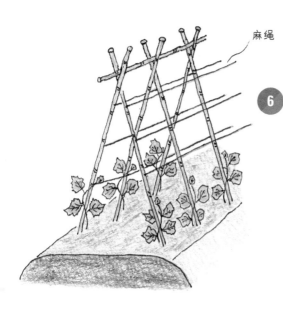

麻绳

6 用支架和麻绳引导藤蔓生长。一般会在成长过程中切掉藤蔓，不过自己种植时，想要采收量长时间稳定，无须切掉。这样也不容易生病。

7 苗木定植后 2~3 周，在每株周围呈玫瑰花状撒一把粉状发酵油渣。每三周铺一次 3 厘米厚的树皮堆肥。如果可以，每日都要浇水。将得了白粉病的叶子及其下面的叶子一起清除。

小黄瓜的食用尺寸

Eggplant

茄子

1 4月下旬定植苗木。

2 在菜园中使用树皮堆肥（1平方米40升）。

3 植株间隔50厘米，挖直径为10厘米、深5~6厘米的定植穴。在定植穴之间挖肥料穴，直径为10厘米、深10厘米。

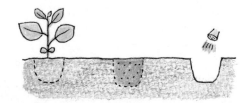

4 往定植穴中灌水。等水渗下去后定植苗。在肥料穴中撒三把粉状发酵油渣和树皮堆肥同比例的混合物。

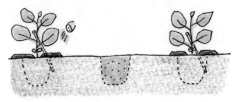

5 在土壤表层铺上3厘米厚的树皮堆肥。之后，搭设临时支架，充分浇水。

6 苗木定植后 2~3 周，在每株周围呈玫瑰花状撒一把粉状发酵油渣。每三周铺一次厚 3 厘米的树皮堆肥。如果可以，每日都要浇水。

7 苗木长到 30 厘米后，搭设三根支架。找出三根粗壮的藤蔓，引导其攀爬到支架上。从大果开始采摘。

8 8 月进行回剪，修剪到第七步中的程度，9 月开始采收秋茄子。

果菜类

柿子椒

初花 →

← 子叶

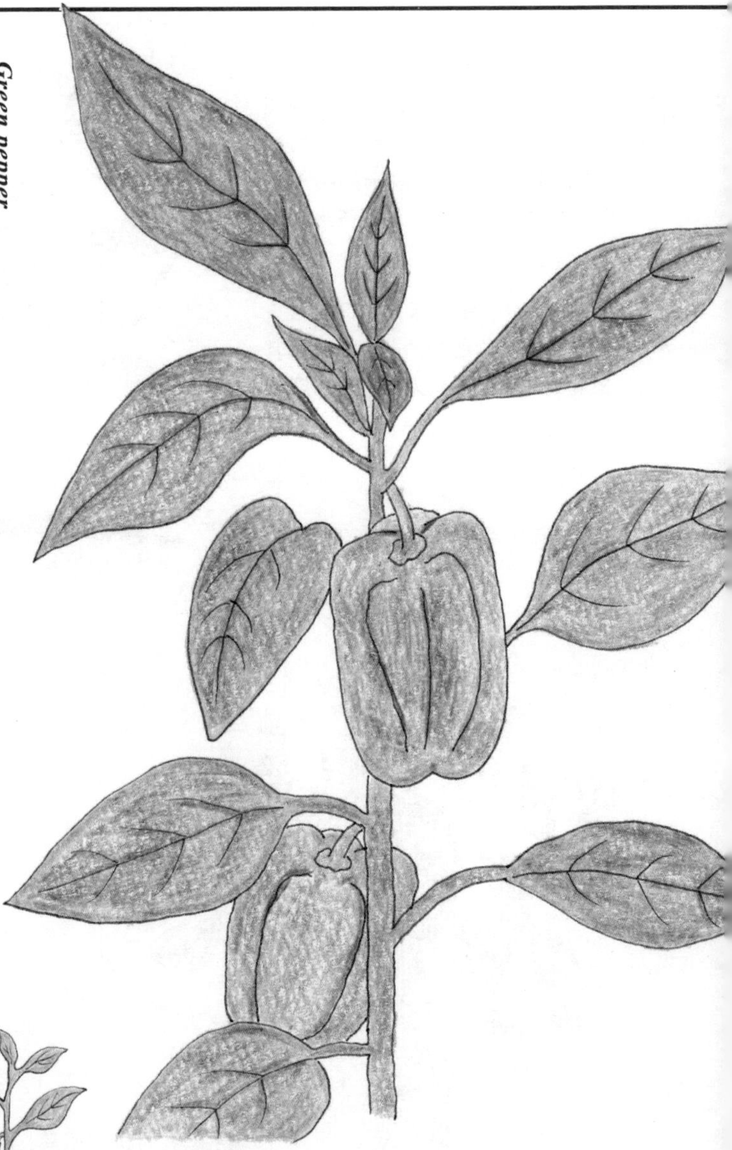

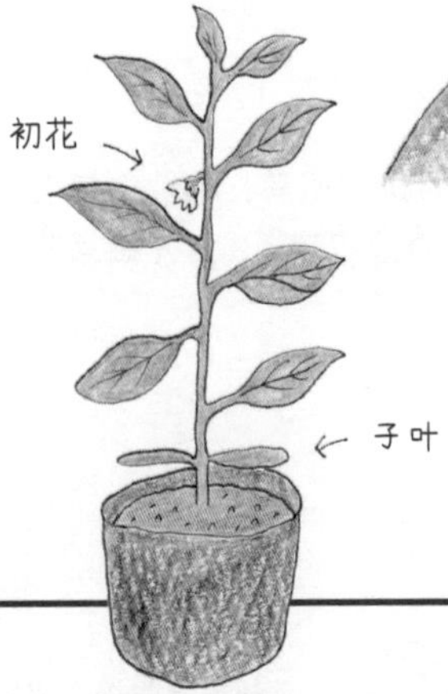

1 4月下旬到5月末购入苗木。如果可以，选苗时要满足下面的条件。
- 带着两片子叶
- 粗茎
- 初花盛开

2 在菜园中使用树皮堆肥（1平方米20升）。

3 植株间隔50~60厘米，挖直径为10厘米、深5~6厘米的定植穴，往其中灌水。等水渗下后定植苗，将周围的土覆盖上并压实。然后铺上3厘米厚的树皮堆肥，如果植株要倒，就为其搭设临时支架，然后充分浇水。

4 苗木长到30厘米后，搭设三根支架。找出三根粗壮的藤蔓，引导其攀爬到支架上。

5 苗木定植后2~3周，在每株周围呈玫瑰花状撒一把粉状发酵油渣。每三周铺一次厚3厘米的树皮堆肥。土层干了后就浇水。

6 从长大的果实开始采收。

Okra

秋葵

① 5月到6月购买苗木。

② 在菜园中使用树皮堆肥（1平方米20升）。

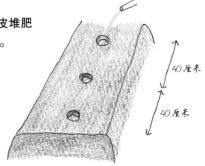

40厘米

40厘米

③ 植株间隔40厘米，挖直径为10厘米、深5~6厘米的定植穴，往其中灌水。等水渗下后定植幼苗，将周围的土覆盖上并压实。在土壤表面铺上3厘米厚的树皮堆肥，然后充分浇水。

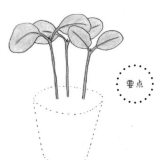

要点 定植时不要将花盆内的数根苗散开，散开后会枯萎。

④ 长出2~3片真叶和一些根苗后，只留一根。在每株周围呈玫瑰花状撒一把粉状发酵油渣。每三周铺一次3厘米厚的树皮堆肥。土壤表面干了后就浇水。

5 开花 2~3 日后，长到食指
大就可以采收了。采收时，
将同时长在同一地方的叶子
一起摘掉。

西葫芦

1 4 月下旬定植苗木。

2 在菜园中使用树皮堆肥（1 平方米 40 升）。

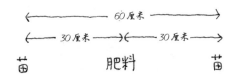

3 植株间隔 60 厘米，挖直径为 10 厘米、深 5~6 厘米的定植穴。在定植穴之间挖肥料穴，直径为 10 厘米、深 10 厘米。

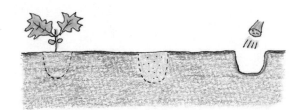

4 在定植穴中灌水。等水渗下去后定植苗。在肥料穴中撒三把粉状发酵油渣和树皮堆肥同比例的混合物。

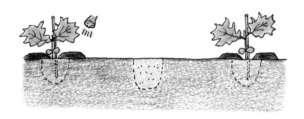

5 搭设临时支架，在土壤表面铺上3厘米厚的树皮堆肥。之后，充分浇水。

6 苗木定植后2~3周，在每株周围呈玫瑰花状撒一把粉状发酵油渣。每三周铺一次3厘米厚的树皮堆肥。当茎伸展后，用两根支架交叉来固定茎。将得了白粉病的叶子及其下面的叶子一起清除。

7 开花后一周就可以采收了。开花后3~4日可以带花采收，西葫芦的花也可以吃。

Snap pea

豌

豆

1 11 月播种豌豆。间隔 30 厘米播种 4~5 粒。

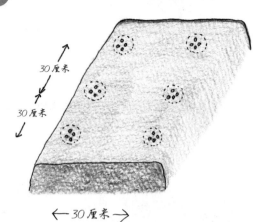

30 厘米

30 厘米

← 30 厘米 →

2 覆盖 2~3 厘米的土。铺设防鸟网并除草。发芽后在植株基部覆盖 3 厘米厚的树皮堆肥。

2~3 厘米

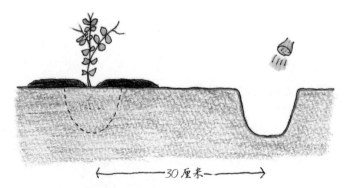

← 30 厘米 →

3 如果从幼苗开始定植，在 3 月间隔 30 厘米挖定植穴，然后灌水定植苗木。最后再次浇水，并在植株基部覆盖 3 厘米厚的树皮堆肥。

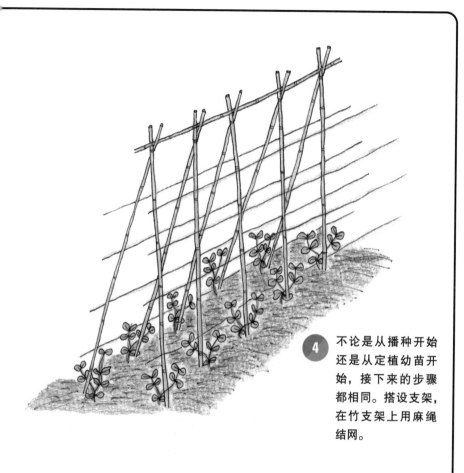

4 不论是从播种开始
还是从定植幼苗开
始，接下来的步骤
都相同。搭设支架，
在竹支架上用麻绳
结网。

5 3月上旬到5月中旬，在植
株基部呈玫瑰花状每平方米
撒100克（两三把）粉状发
酵油渣，每两三周一次。

6 5月就可以采收豆荚了。

土

豆

1 春植土豆在 3 月中下旬购买定植，秋植土豆在 9 月中下旬购买定植。春植时，种块为 40 ~ 50 克，纵切，经过三日阴干。秋植时，不用切，直接使用。

2 在菜园中使用树皮堆肥（1 平方米 40 升）。土豆偏好酸性土壤，所以不要添加石灰。

←—15 厘米—→←—15 厘米—→←—15 厘米—→

↑
10 厘米
↓

3 间隔 15 厘米挖 10 厘米深的穴。

4 种块的切口朝下，间隔 30 厘米种植。在种块之间的穴里撒两把粉状发酵油渣和树皮堆肥同比例的混合物，然后盖土。

5 从一处长出多个芽时，留下长势良好的一两根，其余去除。如果只留一根，长成的土豆虽然个头大，但是数量少。

6 地上部分长到 30 厘米后，培土。

7 当叶子有三分之二枯萎后，就可以采收了。采收土豆一定要在晴天，不用水洗，在太阳下晒半日，等其表面干了后放入纸箱保存（参考第二十七课）。春植土豆在 6 月左右收获，秋植土豆在 12 月左右收获。

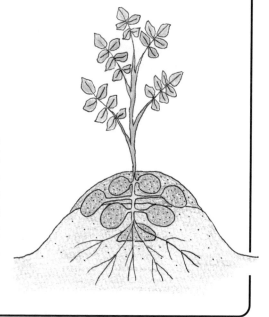

Sweet potato

根菜类

甘薯

1 5 月中旬到 6 月上旬购买苗木定植。

2 在菜园中使用树皮堆肥（1 平方米 10 升）。

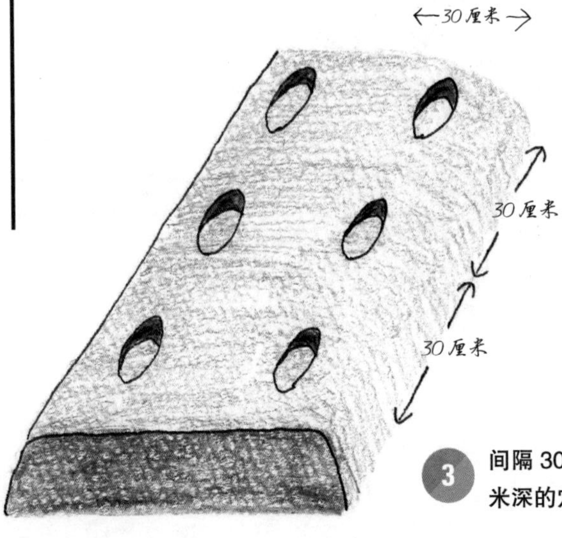

←30厘米→

30厘米

30厘米

3 间隔 30 厘米挖 10 厘米深的穴。

4 如图所示定植、浇水，不要施肥。

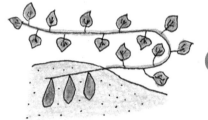

5 当藤蔓变长后，将藤蔓折叠。

准备挖出甘薯时，为了避免藤蔓碍事，提前剪掉藤蔓。

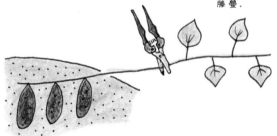

6 10 月下旬，叶子变黄后就可以采收了。甘薯一定要在霜降前的晴天采收，不用水洗，晒半日，表面干了后放入纸箱中保存（参考第二十七课）。

Japanese white radish

白萝卜

1. 春播在 3 月中下旬，秋播在 9 月中下旬。在购买种子前，要先确认好是春播还是秋播品种。

2. 在菜园中使用树皮堆肥（1 平方米 20 升）。

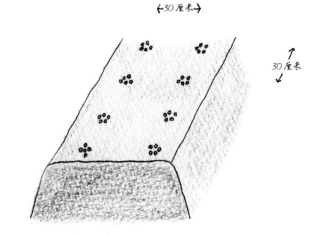

←30厘米→

30厘米

3. 间隔 30 厘米，一处播种五粒。将种子用土轻轻盖住，最后轻轻浇水。发芽前，不要让土壤变干。

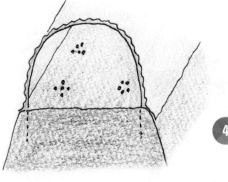

4. 播种后立刻架设防虫网。

5 发芽后就会长出真叶，每五个
苗间苗三个。然后呈玫瑰花状
每平方米撒一把粉状发酵油渣。
土壤表面变干后，用移植铲疏
松一两厘米深的土。

6 在长出五六片真叶后，间苗留
一根。拿掉防虫网。然后在每
株周围呈玫瑰花状撒半把粉状
发酵油渣。土壤表面变干后，
用移植铲疏松一两厘米深的土。

收获适期的样子

7 当地上部分的叶向外侧展开
后，就可以采收了。春播在
5 月到 6 月采收，秋播在 12
月到次年 2 月采收。

水萝卜

1 春播在 3 月中下旬，秋播在 9 月中下旬。

2 在菜园中使用树皮堆肥（1 平方米 20 升），充分混合。

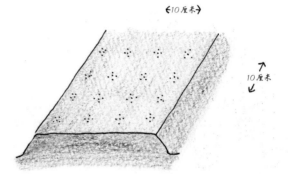

3 每处间隔 10 厘米，一处播种五粒。用土将种子轻轻盖住，最后轻轻浇水。发芽前，不要让土壤变干。

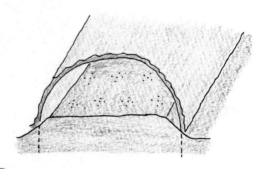

4 播种后立刻架设防虫网。

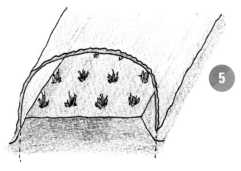

5 发芽后就会长出真叶，每五个苗间苗三个。然后呈玫瑰花状每平方米撒一把粉状发酵油渣。土壤表面变干后，用移植铲疏松一两厘米深的土。

6 在长出五六片真叶后，间苗留一根。然后在每株周围呈玫瑰花状撒半把粉状发酵油渣。土壤表面变干后，用移植铲疏松一两厘米深的土。拿掉防虫网。

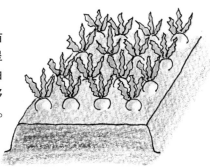

7 春播在 5 月采收，秋播在 11 月采收。植株鲜嫩时，叶子也很美味。

1 春播在3月中下旬，夏播在8月下旬到9月上旬。播种前日将种子浸泡在水中，播种前用筛网过滤种子。

2 耕作菜园。当土壤变干时，就拌入树皮堆肥（每平方米10升）。之后，让土壤充分润湿。

3 在垄上开1厘米深的沟。如图所示，用木头一角做沟。

4 将种子间隔1厘米撒在沟底。

5 轻轻覆盖土，然后轻轻浇水，不要冲跑土和种子。发芽前注意不要让土壤变干。

1厘米

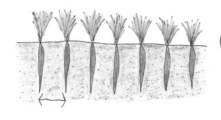

6 两周后就会发芽。

7 当叶子相互触碰时，每2
厘米间苗，这时要追肥。
在植株基部呈玫瑰花状每
平方米撒100克（两三把）
粉状发酵油渣。

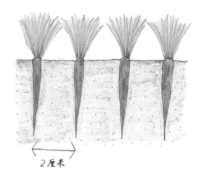

2厘米

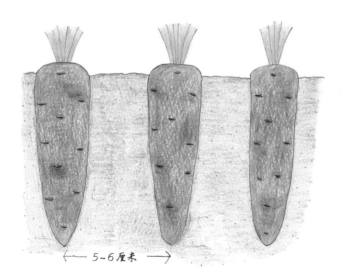

5~6厘米

8 当叶子相互触碰时，每五六厘米间苗，像第七步
那样追肥。按顺序只采收要吃的分量。

我自给自足的理由

在日本，按能量计算的食物自给率只有38%，包括我在内的居民都很难立刻改变这一现状。不过，如果我们只努力提高自家的食物自给率，那又会如何呢？从今天开始，我们也许可以改变现状。其实，我在十六年前就是这么想的。那时我用一个花盆种植大葱，现在已经发展成向周围农户借入一千多平方米田地种植的程度。工作之余耕作，家里五口人吃的大米和蔬菜都可以自给自足。数年间，我家的食物自给率已经超过了80%，并一直维持这一水平。

在本书开头我也写过，我没有从事农业的经验。这样的我却可以种植大米和蔬菜，这是为什么呢？因为我认为自给自足不像农业，并不是生产"商品"，而是生产食物。也就是说，不管是不能成为商品的不结球白菜，还是被虫啃过的香菇，都可以成为我家餐桌上美味的食材。所以我经常在演讲中提到"农业和家庭菜园是完全不同的"。

另外，通过种植大米和蔬菜，我能在日常生活中意识到自然的奇妙——有润泽作物的及时雨，也有威胁作物的暴风雨；